国家骨干高职院校项目建设成果

Zonghe Buxian
综合布线

张　飞　张　铮　主　编
陆文逸　武国祥　副主编
陈　震　主　审

人民交通出版社股份有限公司
China Communications Press Co.,Ltd.

内 容 提 要

本书是交通安全与智能控制专业职业岗位核心能力课程教材，是在各高等职业院校积极践行和创新先进职业教育思想和理念，深入推进“校企合作、工学结合”人才培养模式的大背景下，根据新的教学标准和课程标准组织编写而成的。

本书主要内容包括综合布线系统认知、楼宇内综合布线、外场区综合布线、综合布线工程概预算与招投标、综合布线工程管理，共5个学习情境，18个工作任务。工作任务从易到难，从实地施工到工程管理，按照岗位需求、岗位递进进行安排，培养高素质技能型人才。

本书主要供高职高专院校交通安全与智能控制、计算机网络等相关专业教学使用，也可供相关从业人员参考。

图书在版编目(CIP)数据

综合布线 / 张飞，张铮主编. —北京：人民交通出版社股份有限公司，2015.1

国家骨干高职院校项目建设成果

ISBN 978-7-114-12249-1

Ⅰ.①综… Ⅱ.①张… ②张… Ⅲ.①计算机网络-布线-高等职业教育-教材 Ⅳ.①TP393.03

中国版本图书馆CIP数据核字(2015)第113550号

国家骨干高职院校项目建设成果

书　　名：综合布线
著 作 者： 张　飞　张　铮
责任编辑： 卢仲贤　司昌静　薛　民
出版发行： 人民交通出版社股份有限公司
地　　址： (100011)北京市朝阳区安定门外外馆斜街3号
网　　址： http://www.ccpress.com.cn
销售电话： (010)59757973
总 经 销： 人民交通出版社股份有限公司发行部
经　　销： 各地新华书店
印　　刷： 北京市密东印刷有限公司
开　　本： 787×1092　1/16
印　　张： 11.75
字　　数： 260千
版　　次： 2015年1月　第1版
印　　次： 2015年1月　第1次印刷
书　　号： ISBN 978-7-114-12249-1
定　　价： 53.00

(有印刷、装订质量问题的图书由本公司负责调换)

江西交通职业技术学院
优质核心课程系列教材编审委员会

序

PREFACE

为配合国家骨干高职院校建设，推进教育教学改革，重构教学内容，改进教学方法，在多年课程改革的基础上，江西交通职业技术学院组织相关专业教师和行业企业技术人员共同编写了“国家骨干高职院校重点建设专业人才培养方案和优质核心课程系列教材”。经过三年的试用与修改，本套丛书在人民交通出版社股份有限公司的支持下正式出版发行。在此，向本套丛书的编审人员、人民交通出版社股份有限公司及提供帮助的企业表示衷心感谢！

人才培养方案和教材是教师教学的重要资源和辅助工具，其优劣对教与学的质量有着重要的影响。好的人才培养方案和教材能够提纲挈领，举一反三，而差的则照搬照抄，不知所云。在当前阶段，人才培养方案和教材仍然是教师以育人为目标，服务学生不可或缺的载体和媒介。

基于上述认识，本套丛书以适应高职教育教学改革需要、体现高职教材“理论够用、突出能力”的特色为出发点和目标，努力从内容到形式上有所突破和创新。在人才培养方案设计时，依据企业岗位的需求，构建了以岗位需求为导向，融教学生产于一体的工学结合人才培养模式；在教学内容取舍上，坚持实用性和针对性相结合的原则，根据高职院校学生到工作岗位所需的职业技能进行选择。并且，从分析典型工作任务入手，由易到难设置学习情境，寓知识、能力、情感培养于学生的学习过程中，力求为教学组织与实施提供一种可以借鉴的模式。

本套丛书共涉及汽车运用技术、道路桥梁工程技术、物流管理和交通安全与智能控制等27个专业的人才培养方案，24门核心课程教材。希望本套丛书能具有学校特色和专业特色，适应行业企业需求、高职学生特点和经济社会发展要求。我们期待它能够成为交通运输行业高素质技术技能人才培养中有力的助推器。

用心用功用情唯求致用，耗时耗力耗资应有所值。如此，方为此套丛书的最大幸事！

江西省交通运输厅总工程师 胡钊芳

2014年12月

前 言

FOREWORD

为落实《国家中长期教育改革和发展规划纲要(2010—2020)》精神,深化职业教育教学改革,积极推进课程改革和教材建设,满足职业教育发展的新需求,我们根据工学结合、理实一体化课程开发程序和方法,编写本教材。

本书在编写之初充分考虑了目前高等职业教育的特点以及网络综合布线系统工程的人才需求,坚持面向市场、面向社会,以能力为本位,以职业发展为导向,以经济结构调整和科技进步服务为原则,注重理论知识与实践技能的有机结合、实践内容与行业标准紧密结合。

本书以综合布线系统认知、楼宇内综合布线、外场区综合布线、综合布线工程概预算与招投标、综合布线工程管理为主要内容。以综合布线工程设计与施工为主,辅以综合布线工程管理、综合布线工程概预算与招投标。从综合布线工程设计出发,体现理论够用、施工为主。

本书理论与实践相结合,图文并茂,使读者能够全面掌握相关知识。本书由江西交通职业技术学院张飞、张铮担任主编,江西交通职业技术学院陆文逸、武国祥担任副主编。其中,张飞编写学习情境二,张铮编写学习情境四,陆文逸编写学习情境一和学习情境五,武国祥编写学习情境三。许伟、徐杰两位老师也参与了编写工作。

江西方兴科技有限公司陈震担任本书的主审,提出了宝贵意见和建议,在此表示衷心的感谢!

在编写过程中,参考了大量的著作和文献资料,特别是王公儒老师的《网络综合布线系统工程技术实训教程》,在此一并向有关作者、编者表示真诚的感谢!

由于作者水平有限,书中不妥或错误之处在所难免,恳请读者批评指正。

作 者

2014 年 12 月

目录

CONTENTS

学习情境一　综合布线系统认知

情境概述

一、职业能力分析

通过本情境的学习，期望达到下列目标。

1. 专业能力

(1)对综合布线工程有系统的认知；
(2)掌握综合布线工具的安全使用；
(3)掌握综合布线中铜缆的配线端接技术。

2. 社会能力

(1)通过分组活动，培养团队协作能力；
(2)通过规范文明操作，培养良好的职业道德和安全环保意识；
(3)通过小组讨论、上台演讲评述，培养与客户的沟通能力。

3. 方法能力

(1)通过查阅资料、文献，培养自学能力和获取信息能力；
(2)通过情境化的任务单元活动，掌握解决实际问题的能力；
(3)填写任务工作单，制订工作计划，培养工作方法能力；
(4)能独立使用各种媒体完成学习任务。

二、学习情境描述

通过学习，对综合布线工程系统有所了解，掌握综合布线工具的安全使用以及综合布线中铜缆的配线端接技术。

三、教学环境要求

(1)本学习情境要求在理实一体化专业教室和专业实训室完成。实训室配置要求如下：
①模拟实训楼宇1栋；
②综合布线工具4套；
③相关的实训材料；
④计算机(用于查询资料以及编写方案)；
⑤任务工作单；
⑥多媒体教学设备、课件和视频教学资料等。
(2)建议学生3~4人为一个小组，各组独立完成相关的工作任务，并在教学完成后提交任务工作单。

工作任务一　综合布线系统基础认知

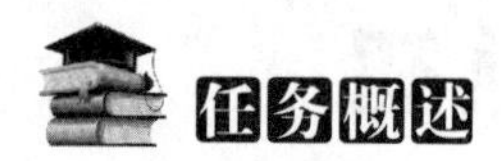

任务描述

通过现场查看智能建筑物方式,掌握综合布线系统七大子系统,并了解综合布线系统的常见标准。

任务要求

1. 应知应会

通过本工作任务的学习与具体实施,学生应学会下列知识:

(1)了解什么是综合布线系统;

(2)了解综合布线系统的特点;

(3)了解综合布线系统中的几大子系统。

2. 学习要求

(1)学生在上课前,应到本课程的网站中预习该工作任务的相关教学内容;

(2)本课程采用理实一体化的模式组织教学,学生在学习过程中,要注重理论与实践的结合,提高自己的动手能力;

(3)每个工作任务学习结束后,学生应独立完成任务工作单的填写。

相关知识

一、综合布线系统简介

综合布线系统是建筑物与建筑群之间综合布线系统的简称,它是一个模块化、灵活性极高的建筑物或建筑群内的信息传输系统,是建筑物内的“信息高速公路”。

20 世纪 80 年代后期,我国开始引入综合布线技术,但使用较少,该技术处于探索研究试用阶段。那时,国内建筑物内的通信设施仍以语音设备为主,建筑物内暗敷通信管线未达配套阶段。自 20 世纪 90 年代以来,我国及世界各国的智能建筑蓬勃发展,出现了各种类型的智能建筑,例如办公智能大厦、商业智能大厦、金融智能大厦、智能园区、智能住宅小区。21 世纪,随着信息时代的到来,各种信息技术和信息高速公路迅速发展,形成了各种类型的局域网、城域网、广域网。作为高速公路“节点”,智能建筑成为这些信息网络的组成部分和归宿。应用于智能建筑的各种局域网层出不穷,随之而来的,为适应语音、数据、图像在智能建筑中的传输,以及与广域网智能建筑外部信息网络连接的需求,综合布线迅速发展,出现了以大厦为主要应用场合的综合布线系统,以住宅小区和园区为主要应用场合的住宅建筑综合布线系统和园区综合布线系统,以城域为主要应用范围的宽带城域网,以家庭布线为主要应用场合的家居布线系统,以现代开放型办公室为主要应用场合的开放型办公室综合布线系统等。综合布线的信息传输速率已由低速 10Mb/s 发展到 100Mb/s 甚至 1000Mb/s 以上。综合布线产品的类型已由 3 类发展到 5 类、超 5 类、6 类和 7 类;6 类标准已于 2002 年 6 月公布,适应于多媒体传输的 7 类布线标准也已制定,它将使综合布线技术达到新的高峰。

总之,智能建筑综合布线技术是取代传统建筑网络的一项重大技术进步。它是随着智能建筑的产生而产生，随智能建筑的发展而发展的，它将随着现代信息技术在智能建筑中的广泛应用而迅速发展。

二、综合布线系统的定义

由于各国产品类型不同，各国对综合布线系统的定义也有所差异。我国原邮电部于1997年9月发布的通信行业标准《大楼通信综合布线系统第一部分：总规范》（YD/T 926.1—1997）中，对综合布线系统的定义为："通信电缆、光缆、各种软电缆及有关连接硬件构成的通用布线系统，它能支持多种应用系统。即，使用户尚未确定具体的应用系统，也可进行布线系统的设计和安装。综合布线系统中不包括应用的各种设备。"

目前所说的建筑物与建筑群综合布线系统，简称综合布线系统。它是指一幢建筑物内（或综合性建筑物）或建筑群体中的信息传输媒质系统。它是将相同或相似的缆线（如对绞线、同轴电缆或光缆），连接硬件组合在一套标准的且通用的、按一定秩序和内部关系而集成的一个整体。

三、综合布线系统的特点

综合布线系统作为建筑物或建筑群内的信息传输平台，具有如下几个特点：

（1）兼容性：综合布线系统将语音、数据与监控设备的图像的配线经过统一的规划和设计，采用相同的传输介质、信息插座、交连设备、适配器等，把这些性质不同的信号综合到一套标准的布线系统中。

（2）开放性：综合布线几乎对所有著名厂商的产品都是开放的，并支持所有的通信协议。

（3）灵活性：所有设备的开通和更改都不需要改变系统布线，只需作一些必要的跳线管理即可，系统组网也灵活多样，各部门既可独立组网也可方便地互连，为合理组织信息提供了必要条件。

（4）扩展性：无论计算机配置、通信设备、控制设备，随技术如何发展，将来都可以很方便地将这些设备连接到系统中去。

（5）先进性：综合布线系统采用光纤与双绞线混合布线方式，极为合理地构成一套完整的系统。

（6）经济性：利用综合布线系统的模块化与灵活性特点，可以大大降低运行费用。这些运行费用包括楼宇或建筑群中人员、设备的增加与重新配置，以及占用者不断变化的需求等方面所带来的花销。综合布线系统的组成一次投资少、维护费用低，使整个投资达到最少。

（7）独立性：采用综合布线方式进行物理布线时，不必过多考虑网络的逻辑结构，更不需要考虑网络服务和网络管理软件，也就是说，综合布线系统独立于应用。

四、综合布线系统工程中的各个子系统

在综合布线系统中，根据不同的需求一共分为七个子系统。它们分别是：工作区子系统、水平子系统、垂直子干线系统、管理间子系统、设备间子系统、进线间子系统[1]、建筑群子系统。

---

[1] 国际上划分子系统时，一般不包括进线间子系统。

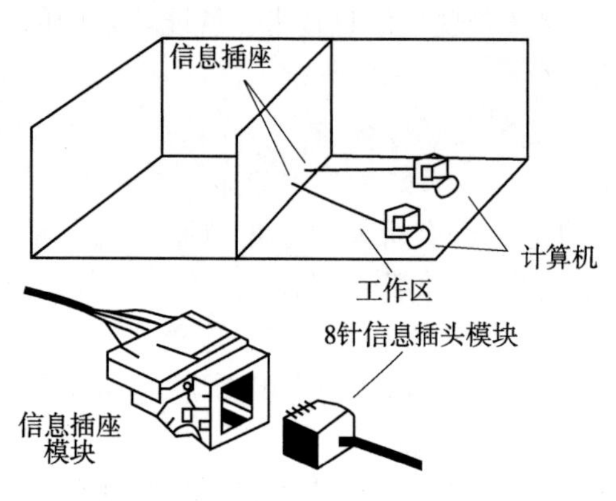

图 1-1　工作区子系统

1. 工作区子系统

工作区子系统(如图 1-1 所示)是一个从信息插座延伸至终端设备的区域。工作区布线要求相对简单,这样就容易移动、添加和变更设备。该子系统,包括水平配线系统的信息插座、连接信息插座和终端设备的跳线以及适配器。

工作区的每个信息插座都应该支持电话机、数据终端、计算机及监视器等终端设备,同时为了便于管理和识别,有些厂家的信息插座做成多种颜色,如黑、白、红、蓝、绿、黄,这些颜色的设置应符合 TIA/EIA 568 标准。

2. 水平子系统

水平布线可选择的介质有三种(100ΩUTP 电缆、150ΩSTP 电缆及 62.5μm/125μm 光缆),最远的延伸距离为 90m,除了 90m 水平电缆外,工作区与管理子系统的接插线和跨接线电缆的总长可达 100m。

水平区子系统,应由工作区用的信息插座、楼层配线设备至信息插座的水平电缆、楼层配线设备和跳线等组成,如图 1-2 所示。

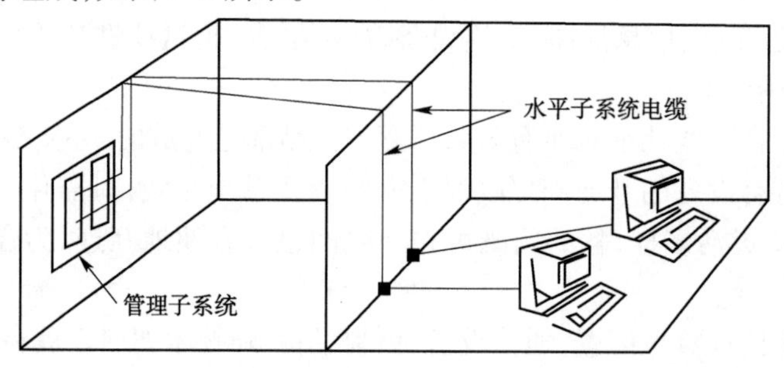

图 1-2　水平子系统

一般情况,水平电缆应采用 4 对双绞线电缆。在水平子系统有高速率应用的场合,应采用光缆,即光纤到桌面。水平子系统根据整个综合布线系统的要求,应在二级交接间、交接间或设备间的配线设备上进行连接,以构成电话、数据、电视系统和监视系统,并方便地进行管理。

水平子系统的电缆长度应不大于 90m,信息插座应在内部做固定线连接。

3. 垂直子系统

垂直干线子系统(也称为垂直子系统)由设备间的建筑物配线设备(BD)和跳线以及设备间至各楼层配线间的干线电缆组成,如图 1-3 所示。

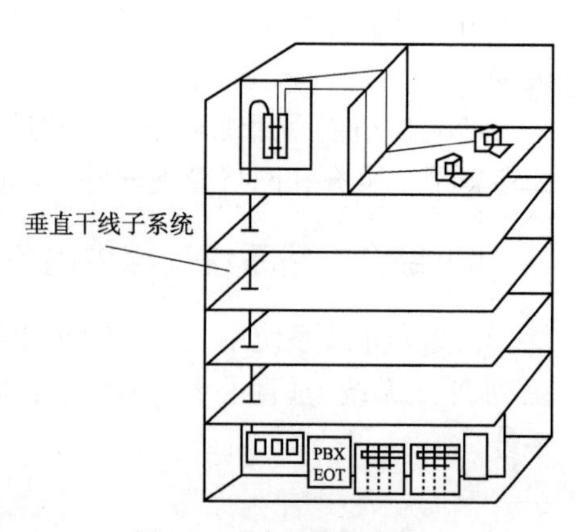

图 1-3　垂直干线子系统

垂直干线子系统,应选择干线电缆较短、安全和经济的路由,选择带门的封闭型综合布线专用的通道敷设干线电缆。干线电缆的位置应尽可能位于建筑物的中心位置,缆线不应布放在电梯、供水、供气、供暖、强电等竖井中。干线电缆宜采用点对点端接,也可采用分支递减端接。如果设备间与计算机机房和交换机机房处于不同的地点，而且需要将语音电缆连至交换机机房，数据电缆连至计算机机房，则宜在设计中选取不同的干线电缆或干线电缆的不同部分，并分别满足语音和数据的需要。当需要时，也可采用光缆系统。

一般应根据建筑物的高度、用途和楼层面积，来选择垂直布线线缆的种类。在干线子系统中，可以使用以下 4 种类型的线缆：

(1)100Ω 大对数双绞电缆。

(2)150ΩSTP 电缆。

(3)62.5μm/125μm 多模光缆。

(4)8.3μm/125μm 单模光缆。

在实际工程设计中，常用的缆线是 100Ω 大对数 UTP(传输语音信号)和 62.5μm/125μm 多模光缆(传输数据信号)。

为了保证信号传输的质量，对干线子系统的布线距离有一定的限制，建筑物配线架(BD)到楼层配线架(CD)的距离不应超过 500m，建筑群配线架到楼层配线架间的距离不应超过 2000m。

采用单模光缆时，建筑群配线架到楼层配线架的最大距离可以延伸到 3000m，采用五类对绞线电缆时，对传输速率超过 100Mb/s 的高速应用系统，布线距离不宜超过 90m。否则宜选用单模或多模光缆。

在建筑群配线架和在建筑物配线架上，接插线和跳线长度不宜超过 20m，超过 20m 的长度应从允许的线缆最大长度中扣除。把电信设备(如用户交换机)直接连接到建筑群配线架或建筑物配线架时，所用的设备缆线长度不宜超过 30m。

4. 管理间子系统

管理间子系统设备设置在每层配线设备的房间内。管理间子系统，由交接间的配线设备、输入/输出设备等组成。管理间子系统也可应用于设备间子系统。管理间子系统，应采用单点管理双交接口，交接场地取决于工作区，综合布线系统规模和选用的硬件；在管理规模大、复杂、有二级交接间时，才放置双点管理双交接在管理点，根据应用环境用标记来标出各个端接场，对于交换间的配线设备，宜采用色标区别不同用途的配线区。并且在交接场之间应留出空间，以便容纳未来扩充的交接硬件，如图 1-4 所示。

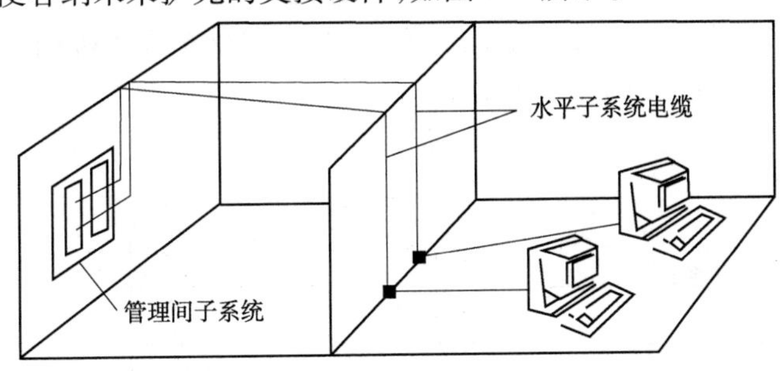

图 1-4　管理间子系统

5. 设备间子系统

设备间子系统，由设备室的电缆、连接器和相关支持硬件组成。它可以把各种公用系统设备互连起来。设备间的主要设备有数字程控交换机、计算机网络设备、服务器、楼宇自控设备主机等。这些设备可放在同一设备间中，也可分别设置。设备间是整个网络的数据交换中心，它的正常与否直接影响着用户的办公，所以对设备间必须进行严格的设计，设计要求如下：

(1)设备间应尽量保持干燥、无尘土、通风良好，应符合有关消防规范，配置有关消防系统。

(2)设备间应安装空调，以保证环境温度满足设备要求。

(3)数据系统的光纤盒、配线架和设备均放于机柜中，配线架、网线管理面板和交换机交替放置，方便跳线和增加美观。网络服务器与主交换机的连接，应尽量避免一切不必要的中间连接，直接用专线联入主交换机，将可能故障率降至最低。

(4)主机房最好是用玻璃与其他办公室隔离出来，主机房地板应铺防静电地板。在设计设备间子系统时，要注意确定建筑物设备间位置、设备间装修标准、设备间环境要求、主干线缆的安装和管理方式。

6. 进线间子系统

一般一个建筑物宜设置1个进线间，进线间一般是提供给多家电信运营商和业务提供商使用，通常设于地下一层。进线间因涉及因素较多，难以统一提出具体所需面积，可根据建筑物实际情况，并参照通信行业标准和国家的现行标准要求进行设计。建筑群主干电缆和光缆、公用网和专用网电缆、光缆及天线馈线等室外缆线进入建筑物时，应在进线间成端转换成室内电缆、光缆，并在缆线的终端处可由多家电信业务经营者设置入口设施。入口设施中的配线设备，应按引入的电缆、光缆容量配置。进线间应设置管道入口。在进线间缆线入口处的管孔数量应留有充分的余量，以满足建筑物之间、建筑物弱电系统、外部接入业务及多家电信业务经营者和其他业务服务商缆线接入的需求，建议留2～4孔的余量。

在设计进线间子系统时，应注意以下几点：

(1)进线间应防止渗水，宜设有抽排水装置。

(2)进线间应与布线系统垂直竖井连通。

(3)进线间应采用相应防火级别的防火门，门向外开，宽度不小于1000mm。

(4)进线间应设置防有害气体措施和通风装置，排风量按每小时不小于5次容积计算。

(5)进线间如安装配线设备和信息通信设施时，应符合设备安装设计的要求。

(6)与进线间无关的管道，不宜通过。

7. 建筑群子系统

建筑群子系统是将一个建筑物中的线缆延伸到建筑物群的其他建筑物中的通信设备和装置上。它由电缆、光缆和入楼处线缆上过流过压的电气保护设备等相关硬件组成，从而形成了建筑群综合布线系统，如图1-5所示。

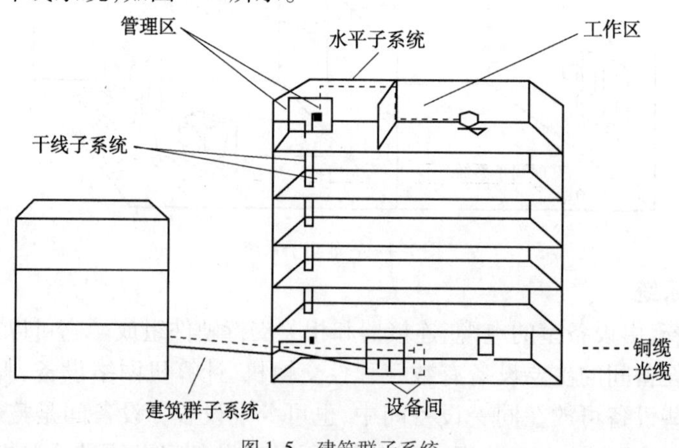

图1-5　建筑群子系统

建筑群子系统的室外线缆敷设方式一般有以下几种：

(1)架空方式。架空方式就是在电线杆上敷设缆线,利用绝缘子、横担等作支撑的线。

(2)路敷设方式。其优点是成本低、施工快;缺点是安全可靠性低、不美观。

(3)直埋方式。直埋方式是将线缆直接埋于地下,利用线管等材料进行线路的敷设。其优点是对线缆有一定的保护、初期投资成本低、美观。缺点是扩充和更换不方便。

(4)管道方式。管道方式的优点是对线缆有比较好的保护、敷设容易、扩充、更换方便、美观。缺点是初期投资成本过高。

五、综合布线系统的术语和符号

1. 术语

(1)布线(Cabling):能够支持信息电子设备相连的各种缆线、跳线、接插软线和连接器件组成的系统。

(2)建筑群子系统(Campus Subsystem):由配线设备、建筑物之间的干线电缆或光缆、设备缆线、跳线等组成的系统。

(3)电信间(Telecommunications Room):放置电信设备、电缆和光缆终端配线设备并进行缆线交接的专用空间。

(4)工作区(Work Area):需要设置终端设备的独立区域。

(5)信道(Channel):连接两个应用设备的端到端的传输通道。信道包括设备电缆、设备光缆和工作区电缆、工作区光缆。

(6)链路(Link):一个 CP 链路或是一个永久链路。

(7)永久链路(Permanent Link):信息点与楼层配线设备之间的传输线路。它不包括工作区缆线和连接楼层配线设备的设备缆线、跳线,但可以包括一个 CP 链路。

(8)集合点(Consolidation Point,CP):楼层配线设备与工作区信息点之间水平缆线路由中的连接点。

(9)链路(Cp Link):楼层配线设备与集合点(CP)之间,包括各端的连接器件在内的永久性的链路。

(10)建筑群配线设备(Campus Distributor):终接建筑群主干缆线的配线设备。

(11)建筑物配线设备(Building Distributor):为建筑物主干缆线或建筑群主干缆线终接的配线设备。

(12)楼层配线设备(Floor Distributor):终接水平电缆水平光缆和其他布线子系统缆线的配线设备。

(13)建筑物入口设施(Building Entrance Facility):提供符合相关规范机械与电气特性的连接器件,使得外部网络电缆和光缆引入建筑物内。

(14)连接器件(Connecting Hardware):用于连接电缆线对和光纤的一个器件或组器件。

(15)光纤适配器(Optical Fibre Connector):将两对或一对光纤连接器件进行连接的器件。

(16)建筑群主干电缆、建筑群主干光缆(Campus Backbone Cable):用于在建筑群内连接建筑群配线架与建筑物配线架的电缆、光缆。

(17)建筑物主干缆线(Building Backbone Cable):连接建筑物配线设备至楼层配线设备及建筑物内楼层配线设备之间相连接的缆线。建筑物主干缆线分为主干电缆和主干光缆。

(18)水平缆线(Horizontal Cable):楼层配线设备到信息点之间的连接缆线。

(19)永久水平缆线(Fixed Herizontal Cable):楼层配线设备到CP的连接缆线,如果链路中不存在CP点,为直接连至信息点的连接缆线。

(20)CP缆线(CP Cable):连接集合点(CP)至工作区信息点的缆线。

(21)信息点(Telecommunications Outlet,TO):各类电缆或光缆终接的信息插座模块。

(22)设备电缆、设备光缆(Equipment Cable):通信设备连接到配线设备的电缆、光缆。

(23)跳线(Jumper):不带连接器件或带连接器件的电缆线对与带连接器件的光纤,用于配线设备之间进行连接。

(24)缆线(包括电缆、光缆)(Cable):在一个总的护套里,由一个或多个同一类型的缆线线对组成,并可包括一个总的屏蔽物。

(25)光缆(Optical Cable):由单芯或多芯光纤构成的缆线。

(26)电缆、光缆单元(Cable Unit):型号和类别相同的电缆线对或光纤的组合(电缆线对可有屏蔽物)。

(27)线对(Pair):一个平衡传输线路的两个导体,一般指一个对绞线对。

(28)平衡电缆(Balanced Cable):由一个或多个金属导体线对组成的对称电缆。

(29)屏蔽平衡电缆(Screened Balanced Cable):带有总屏蔽和每线对均有屏蔽物的平衡电缆。

(30)非屏蔽平衡电缆(Unscreened Balanced Cable):不带有任何屏蔽物的平衡电缆。

(31)接插软线(Patch Calld):一端或两端带有连接器件的软电缆或软光缆。

(32)多用户信息插座(Multi-User Telecommunications Outlet):在某一地点,若干信息插座模块的组合。

(33)交接(交叉连接)(Cross-Connect):配线设备和信息通信设备之间采用接插软线或跳线上的连接器件相连的一种连接方式。

(34)互连(Interconnect):不用接插软线或跳线,使用连接器件把一端的电缆、光缆与另一端的电缆、光缆直接相连的一种连接方式。

2. 符号与缩略词(如表1-1所示)

综合布线系统中的符号与缩写 表1-1

英文缩写	英文名称	中文名称或解释
ACR	Attenuation to crosstalk ratio	衰减串音比
BD	Building distributor	建筑物配线设备
CD	Campusd istributor	建筑群配线设备
CP	Consolidation point	集合点
dB	dB	电信传输单元:分贝
d. c.	Direct current	直流
EIA	Electronic Industries Association	美国电子工业协会
ELFEXT	Equal level far end crosstalk attenuation(10ss)	等电平远端串音衰减

续上表

英文缩写	英 文 名 称	中文名称或解释
FD	Floor distributor	楼层配线设备
FEXT	Far end crosstalk attenuation(10ss)	远端串音衰减(损耗)
IEC	International Electrotechnical Commission	国际电工技术委员会
IEEE	The Institute of Electrical and Electronics Engineers	美国电气及电子工程师学会
IL	Insertion 10ss	插入损耗
IP	Internet Protocol	因特网协议
ISDN	Integrated services digital network	综合业务数字网
ISO	International Organization for Standardization	国际标准化组织
LCL	Longitudinal to differential conversion 10ss	纵向对差分转换损耗
OF	Optical fibre	光纤
PSNEXT	Power sum NEXT attenuation(10ss)	近端串音功率和
PSACR	Power sum ACR	ACR 功率和
PS ELFEXT	Power sum ELFEXT attenuation(10ss)	ELFEXT 衰减功率和
RL	Return 10ss	回波损耗
SC	Subscriber connector(optical fibre connector)	用户连接器(光纤连接器)
SFF	Small form factor connector	小型连接器
TCL	Transverse conversion 10ss	横向转换损耗
TE	Terminal equipment	终端设备
TIA	Telecommunications Industry Association	美国电信工业协会
UL	Underwriters Laboratories	美国保险商实验所安全标准
Vr. m. s	Vroot. mean. square	电压有效值

六、综合布线系统的机构

(1)综合布线系统基本构成,如图 1-6 所示。

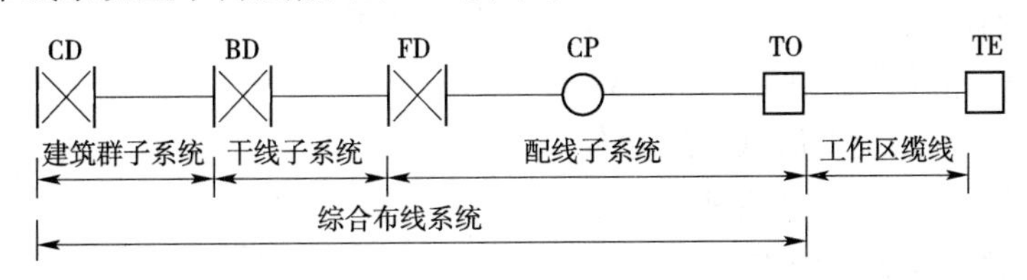

图 1-6　综合布线系统的构成

注:配线子系统中可以设置集合点(CP 点),也可不设置集合点。

(2)综合布线子系统构成如图 1-7 所示。

(3)综合布线系统入口设施及引入缆线构成应符合图 1-8 的要求。

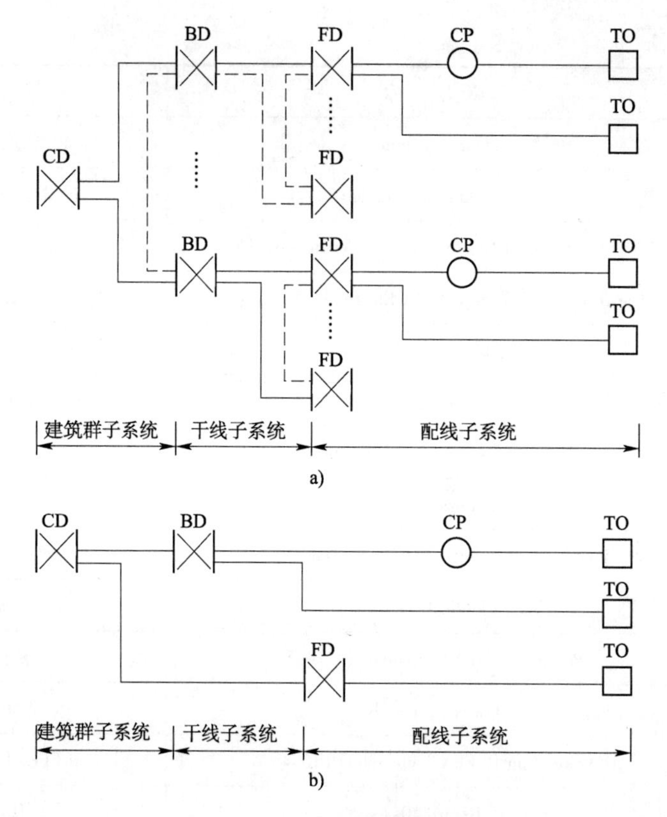

图 1-7　综合布线子系统的构成

注:1. 图中的虚线表示 BD 与 BD 之间、FD 与 FD 之间可以设置主干缆线。

2. 建筑物 FD 可以经过主干缆线直接连至 CD,TO 也可以经过水平缆线直接连至 BD。

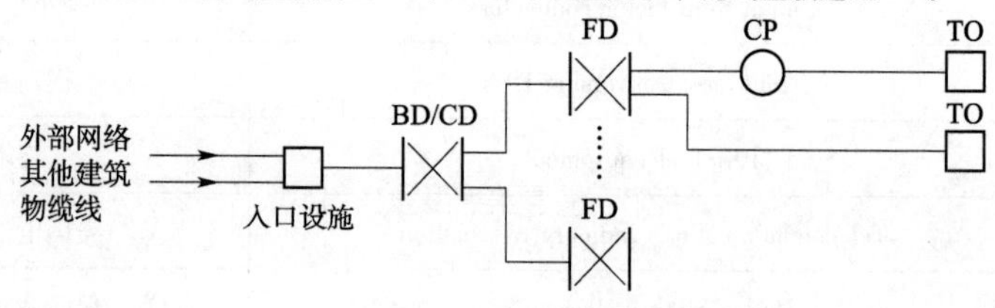

图 1-8　综合布线系统引入部分的构成

注:对设置了设备间的建筑物,设备间所在楼层的 FD 可以和设备中的 BD/CD 及入口设施安装在同一场地。

任务实施

任务的实施步骤如下:

(1)在老师的带领下,参观一幢智能建筑的各个子系统。

(2)观察综合布线系统中工作区子系统。

①观察工作区子系统中信息点的分布。

②观察工作区子系统信息插座的类型。

(3)观察综合布线系统中水平子系统。

①观察水平子系统线缆的布线方式。

②观察水平子系统布线所用的辅材。

(4)观察综合布线系统中管理间子系统。

①观察管理间子系统分布情况。

②观察管理间子系统中,机柜的安装方式。

③观察管理间子系统中,防尘、防静电、防火和防雷击的方式。

任务工作单

<table>
<tr><td rowspan="3">学习情境:综合布线系统认知
工作任务:观察智能建筑的各个子系统</td><td>班级</td><td colspan="3"></td></tr>
<tr><td>姓名</td><td></td><td>学号</td><td></td></tr>
<tr><td>日期</td><td></td><td>评分</td><td></td></tr>
</table>

一、任务内容

在图 1-9 中标出灰色方块所在的子系统。

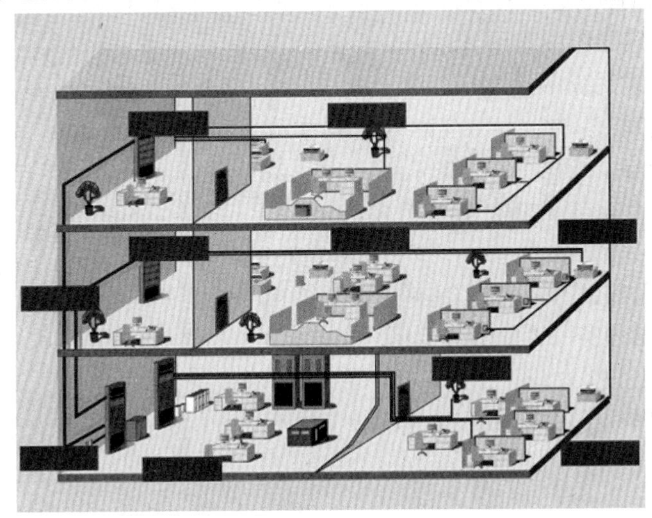

图 1-9　建筑的各个子系统构成

二、基本知识

1. 目前所说的建筑物与建筑群综合布线系统,简称综合布线系统。它是指一幢建筑物内或建筑群体中的__________系统。

2. 综合布线系统作为建筑物或建筑群内的信息传输平台,具有如下几个特点:________、________、________、________、________、________、________。

3. 在括号中写出以下中文名称的英文缩写:建筑物配线设备(　　　　)、建筑群配线设备(　　　　)、楼层配线设备(　　　　)、光纤(　　　　)。

三、任务实施

1. 在老师指定的一幢智能建筑中查看该智能建筑的各个子系统。

2. 列出该智能建筑各个子系统的位置。

3. 观察并记录该智能建筑的信息点数量与位置。

四、任务小结

通过此工作任务的实施,各小组集中完成下述工作:

1. 你认为本次实训是否达到预期目的?有哪些意见和建议?

2. 什么是综合布线系统?

工作任务二　综合布线工程中的常用缆线及工具

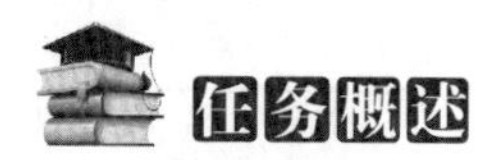

任务描述

掌握常见工具的使用方法，并正确使用工具处理对应的材料。

任务要求

1. 应知应会

(1)通过本工作任务的学习与具体实施，学生应学会下列知识：

①了解综合布线系统中常用传输介质。

②了解综合布线系统中常用的工具。

(2)通过本工作任务的学习与具体实施，学生应该掌握下列技能：

①会使用综合布线工程中常用的工具。

②能区分综合布线工程中常见的线缆。

2. 学习要求

(1)学生在上课前，应到本课程的网站中预习本工作任务的相关教学内容。

(2)本课程采用理实一体化的模式组织教学，学生在学习过程中，要注重理论与实践的结合，提高自己的动手能力。

(3)每个工作任务学习结束后，学生应独立完成任务工作单的填写。

一、传输介质

有线传输介质是指在两个通信设备之间实现的物理连接部分，它能将信号从一方传输到另一方，有线传输介质主要有双绞线、同轴电缆和光纤。双绞线和同轴电缆传输电信号，光纤传输光信号。

无线传输介质是指我们周围的自由空间。利用无线电波在自由空间的传播可以实现多种无线通信。在自由空间传输的电磁波，根据频谱可将其分为无线电波、微波、红外线、激光等，信息被加载在电磁波上进行传输。

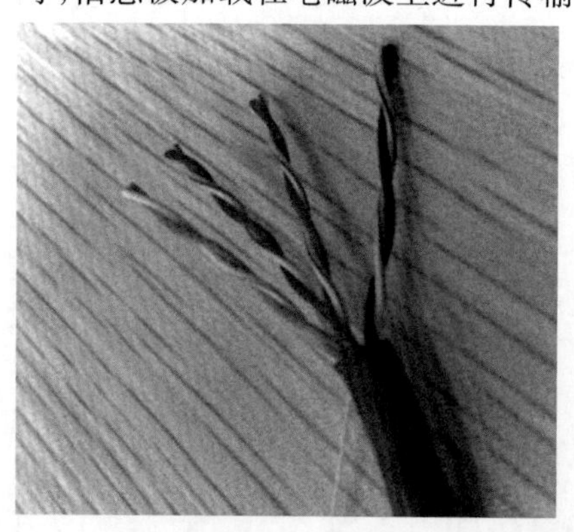

图1-10　双绞线

1. 双绞线

双绞线(Twisted Pair)是由一对或者一对以上的相互绝缘的导线按照一定的规格互相缠绕(一般以逆时针缠绕)在一起而制成的一种传输介质，属于信息通信网络传输介质。双绞线过去主要是用来传输模拟信号的，但现在同样适用于数字信号的传输。它是一种常用的布线材料，如图1-10所示。

任何材质的绝缘导线绞合在一起都可以叫作双绞线，同一电缆内可以是一对或一对以上双绞线，一般由两根22～26号单根铜导线相互缠绕而成，也有使用多根细小铜丝制成单根绝缘线的，实际使用时，双绞线是由多对双绞线一起包在一个绝缘电缆套管里的。典型的双绞线有一对的，有四对的，也有更多对双绞线放在一个电缆套管里的，这些我们称之为双绞线电缆。双绞线一个扭绞周期的长度，叫作节距，节距越小，抗干扰能力越强。

双绞线的作用是使外部干扰在两根导线上产生的噪声（在专业领域里，把无用的信号叫做噪声）相同，以便后续的差分电路提取出有用信号，差分电路是一个减法电路，两个输入端相同的信号（共模信号）相互抵消（$m-n$），反相的信号相当于 $x-(-y)$，得到增强。理论上，在双绞线及差分电路中 $m=n$，$x=y$，那么相当于干扰信号被完全消除，有用信号加倍，但在实际运行中与理论是有一定差异的。

双绞线的种类可按照屏蔽层的有无和线径粗细划分。

（1）按照屏蔽层的有无分类。

双绞线分为屏蔽双绞线（Shielded Twisted Pair，STP）与非屏蔽双绞线（Unshielded Twisted Pair，UTP）。

①屏蔽双绞线在双绞线与外层绝缘封套之间有一个金属屏蔽层。屏蔽双绞线分为 STP 和 FTP（Foil Twisted-Pair），STP 指每条线都有各自的屏蔽层，而 FTP 只在整个电缆外有屏蔽装置，并且两端都正确接地时才起作用。所以 FTP 要求整个系统是屏蔽器件，包括电缆、信息点、水晶头和配线架等，同时建筑物需要有良好的接地系统。屏蔽层可减少辐射，防止信息被窃听，也可阻止外部电磁干扰的进入，使屏蔽双绞线比同类的非屏蔽双绞线具有更高的传输速率。

②非屏蔽双绞线是一种数据传输线，由四对不同颜色的传输线所组成，广泛用于以太网路和电话线中。非屏蔽双绞线电缆最早在 1881 年被用于贝尔发明的电话系统中。1900 年美国的电话线网络亦主要由 UTP 所组成，由电话公司所拥有。

（2）按照线径粗细分类。

双绞线常见的有 5 类线和超 5 类线以及最新的 6 类线，前者线径细而后者线径粗，型号如下：

①五类线（CAT5）：该类电缆增加了绕线密度，外套是一种高质量的绝缘材料，线缆最高频率带宽为 100MHz，最高传输率为 100Mb/s，用于语音传输和最高传输速率为 100Mb/s 的数据传输，主要用于 100BASE-T 和 1000BASE-T 网络，最大网段长为 100m，采用 RJ 形式的连接器。这是最常用的以太网电缆。在双绞线电缆内，不同线对具有不同的绞距长度。通常，4 对双绞线绞距长度在 38.1mm 内，按逆时针方向扭绞，一对线对的扭绞长度在 12.7mm 以内。

②超五类线（CAT5e）：超 5 类具有衰减小，串扰少，并且具有更高的衰减与串扰的比值（ACR）和信噪比（SNR）、更小的时延误差，性能得到很大提高。超 5 类线主要用于千兆位以太网（1000Mb/s）。

③六类线（CAT6）：该类电缆的传输频率为 1～250MHz，六类布线系统在 200MHz 时综合衰减串扰比（PS-ACR）应该有较大的余量，它提供 2 倍于超五类的带宽。六类布线的传输性能远远高于超五类标准，最适用于传输速率高于 1Gb/s 的应用。六类与超五类的一个重要的不同点在于：改善了在串扰以及回波损耗方面的性能，对于新一代全双工的高速网络应用而言，优良的回波损耗性能是极重要的。六类标准中取消了基本链路模型，布线标准采用星形的拓扑结构，要求的布线距离为：永久链路的长度不能超过 90m，信道长度不能超

过100m。

④超六类或6A(CAT6A):此类产品传输带宽介于六类和七类之间,传输频率为500MHz,传输速率为10Gb/s,标准外径为6mm。目前和七类产品一样,国家还没有出台正式的检测标准,只是行业中有此类产品,各厂家宣布一个测试值。

⑤七类线(CAT7):传输频率为600MHz,传输速率为10Gb/s,单线标准外径为8mm,多芯线标准外径为6mm,可能用于今后的10Gb以太网。

通常,计算机网络所使用的是3类线和5类线,其中10 BASE-T使用的是3类线,100BASE-T使用的是5类线。

2. 同轴电缆

(1)同轴电缆的工作原理。

同轴电缆由里到外分为四层:中心铜线(单股的实心线或多股绞合线),塑料绝缘体,网状导电层和电线外皮。中心铜线和网状导电层形成电流回路,因为中心铜线和网状导电层为同轴关系而得名,如图1-11所示。

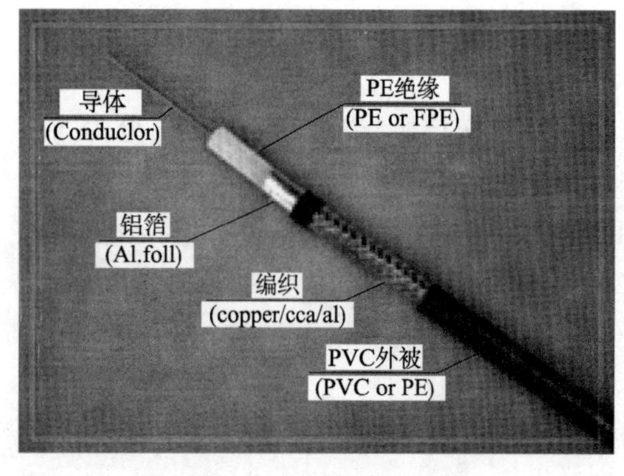

图1-11 同轴电缆的结构

同轴电缆传导交流电而非直流电,也就是说,每秒钟会有好几次的电流方向发生逆转。

如果使用一般电线传输高频率电流,这种电线就会相当于一根向外发射无线电的天线,这种效应损耗了信号的功率,使得接收到的信号强度减小。

同轴电缆的设计正是为了解决这个问题。中心电线发射出来的无线电被网状导电层所隔离,网状导电层可以通过接地的方式控制发射出来的无线电。

同轴电缆的缺陷铝是如果电缆某一段发生比较大的挤压或者扭曲变形,那么中心电线和网状导电层之间的距离就不是始终如一的,这会造成内部的无线电波会被反射回信号发送源。这种效应减低了可接收的信号功率。为了克服这个问题,中心电线和网状导电层之间被加入一层塑料绝缘体来保证它们之间的距离始终如一。这也造成了这种电缆比较僵直而不容易弯曲的特性。

(2)同轴电缆的种类。

同轴电缆分为细缆RG-58和粗缆RG-11两种,以及使用极少的半刚型同轴电缆和馈管。

①细缆:细缆的直径为0.26cm,最大传输距离185m,使用时与50Ω终端电阻、T型连接器、BNC接头与网卡相连,线材价格和连接头成本都比较便宜,而且不需要购置集线器等设备,十分适合架设终端设备较为集中的小型以太网络。缆线总长不要超过185m,否则信号将严重衰减。细缆的阻抗是50Ω。

②粗缆:粗缆(RG-11)的直径为1.27cm,最大传输距离可达到500m。由于直径相当粗,因此它的弹性较差,不适合在室内狭窄的环境内架设,而且RG-11连接头的制作方式也相对要复杂许多,并不能直接与电脑连接,它需要通过一个转接器转成AUI接头,然后再接到电脑上。由于粗缆的强度较强,最大传输距离也比细缆长,因此粗缆的主要用途是扮演网络主干的角色,用来连接数个由细缆所结成的网络。粗缆的阻抗是75Ω。

③半刚型同轴电缆:这种电缆使用极少,通常用于通信发射机内部的模块连接上。因为这种线传输损耗很小。但其也有一些缺点,比如硬度大,不易弯曲。此外,此类电缆的传输频率极高,大部分都可以到达 30GHz。

目前随着工艺的不断进步,也出现了一些弯曲幅度较大的此类线材,但是在对柔韧性要求不高的地方,推荐尽量使用传统的铜管外导体的线材,以保证稳定性。

3. 光缆

(1)光缆的历史。

1976 年,美国贝尔研究所在亚特兰大建成第一条光纤通信实验系统,采用了西方电气公司制造的含有 144 根光纤的光缆。1980 年,由多模光纤制成的商用光缆开始在市内局间中继线和少数长途线路上采用。单模光纤制成的商用光缆于 1983 年开始在长途线路上采用。1988 年,连接美国与英法之间的第一条横跨大西洋海底光缆敷设成功,不久又建成了第一条横跨太平洋的海底光缆。我国于 1978 年自行研制出通信光缆,采用的是多模光纤,缆芯结构为层绞式,曾先后在上海、北京、湖北的武汉等地开展了现场试验。此后不久便在市内电话网内作为局间中继线使用,1984 年以后,逐渐用于长途线路,并开始采用单模光纤。通信光缆比铜线电缆具有更大的传输容量,中继段距离长、体积小、质量轻,无电磁干扰,自 1976 年以后已发展成长途干线、市内中继、近海及跨洋海底通信,以及局域网、专用网等的有线传输线路骨干,并开始向市内用户环路配线网的领域发展,为光纤到户、宽代综合业务数字网提供传输线路。

(2)光缆的基本结构。

光缆,一般由缆芯、加强元件和护层三部分组成,如图 1-12所示。

①缆芯:由单根或多根光纤芯线组成,有紧套和松套两种结构。紧套光纤有二层和三层结构。

②加强元件:用于增强光缆敷设时可承受的负荷,一般是金属丝或非金属纤维。

③护层:具有阻燃、防潮、耐压、耐腐蚀等特性,主要是对已成缆的光纤芯线进行保护。根据敷设条件可由铝带/聚乙烯综合纵包带黏界外护层(LAP)、钢带(或钢丝)铠装和聚乙烯护层等组成。

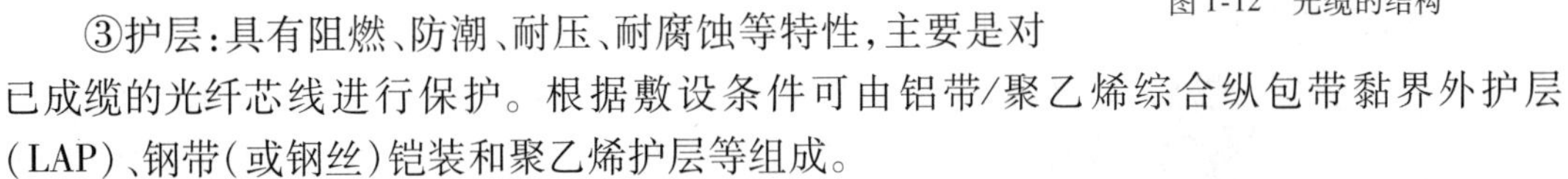

图 1-12　光缆的结构

(3)光缆的工作原理。

光缆是光导纤维的简写,是一种利用光在玻璃或塑料制成的纤维中的全反射原理而达成的光传导工具。光缆实际是指由透明材料做成的纤芯和在它周围采用比纤芯的折射率稍低的材料做成的包层,并将射入纤芯的光信号,经包层界面反射,使光信号在纤芯中传播前进的媒体。一般是由纤芯、包层和涂敷层构成的多层介质结构的对称圆柱体。

光缆有两项主要特性,即损耗和色散。光缆每单位长度的损耗或者衰减(dB/km),关系到光缆通信系统传输距离的长短和中继站间隔的距离的选择。光缆的色散反应时延畸变或脉冲展宽,对于数字信号传输尤为重要。每单位长度的脉冲展宽,影响到一定传输距离和信息传输容量。

光纤通信是利用光波在光导纤维中传输信息的通信方式。由于激光具有高方向性、高相干性、高单色性等显著优点,光纤通信中的光波主要是激光,所以又叫作激光光纤通信。光缆通信是现代通信网的主要传输手段,它的发展历史只有 20 年左右,已经历三代:短波长多模光缆、长波长多模光缆和长波长单模光缆。采用光缆通信是通信史上的重大变革，美、日、英、法等20多个国家已宣布不再建设电缆通信线路，而致力于发展光缆通信。中国光缆通信已进入实用阶段。光缆通信的原理是：在发送端首先要把传送的信息（如语音）变成电信号，然后调制到激光器发出的激光束上，使光的强度随电信号的幅度（频率）变化而变化，并通过光缆发送出去；在接收端，检测器收到光信号后把它变换成电信号，经解调后恢复原信息。

（4）光缆的种类。

①按光在光纤中的传输模式可分为单模光纤和多模光纤。

a. 单模光纤（Single-mode Fiber）：一般光纤跳纤用黄色表示，接头和保护套为蓝色，传输距离较长。

b. 多模光纤（Multi-mode Fiber）：一般光纤跳纤用橙色表示，也有的用灰色表示，接头和保护套用米色或者黑色，传输距离较短。

②按最佳传输频率分常规型单模光纤和色散位移型单模光纤。

a. 常规型单模光纤：光纤生产厂家将光纤传输频率最佳化在单一波长的光上，如1300nm。

b. 色散位移型单模光纤：光纤生产厂家将光纤传输频率最佳化在两个波长的光上，如1300nm和1550nm。

③按折射率分布情况分为突变型和渐变型光纤。

a. 突变型光纤：光纤中心芯到玻璃包层的折射率是突变的。其成本低，模间色散高。适用于短途低速通信，如工控。由于单模光纤模间色散很小，所以单模光纤都采用突变型。

b. 渐变型光纤：光纤中心芯到玻璃包层的折射率是逐渐变小的，可使高模光按正弦形式传播，这能减少模间色散，提高光纤带宽，增加传输距离，但成本较高，现在的多模光纤多为渐变型光纤。

二、综合布线工程常用器材

1. 线槽

线槽又名走线槽、配线槽、行线槽（因地方而异），是用来将电源线、数据线等线材规范地整理，固定在墙上或者天花板上的电工用具，如图1-13所示。一般有塑料材质和金属材质两种，不同材质可以起到不同的作用。

图1-13　PVC线槽

线槽可以分为：绝缘配线槽、拨开式配线槽、迷你型配线槽、分隔型配线槽、室内装潢配线槽、一体式绝缘配线槽、电话配线槽、明线配线槽、圆形配线管、展览会用隔板配线槽、圆形地板配线槽、软式圆形地板配线槽、盖式配线槽等。

一般使用的金属线槽的规格有50mm×100mm、100mm×100mm、100mm×200mm、100mm×300mm、200mm×400mm等多种。而且塑料线槽（也叫PVC线槽）的型号有PCV-20系列、PCV-25系列、PCV-25F系列、PCV-30系列、PCV-40系列、PCV-40Q系列。其规格是：20mm×12mm、25mm×12.5mm、25mm×25mm、30mm×15mm、40mm×20mm。

2. 线管

线管与线槽一样，是用来将各种缆线进行规范整理，固定在墙上的电工工具，如图1-14所示。其同样有金属材质和塑料材质之分。

金属管用于分支结构或暗埋的线路,它有多种规格,以管材的外径为标准。在工程施工过程中常用的金属管有 D16、D20、D25、D32、D40、D50、D63、D110 等规格。

PE 阻燃导管是一种塑制半硬导管,按外径分类有 D16、D20、D25、D32 这几种规格。它的外观是白色,具有高强度、耐腐蚀、内壁光滑等优点,可以用于明装和暗装。

PVC 阻燃导管是以聚氯乙烯树脂为主要材料,加入适量的助剂,经过加工设备挤压成型的刚性导管。小管径 PVC 阻燃导管可在常温下弯曲,便于在施工中使用。其按外径划分有 D16、D20、D25、D32、D40、D45、D63、D25、D110 等规格。

与 PVC 线管配套的附件有直接头、弯头、接线盒、开口管卡。处理工具有弯管器(弯管弹簧)、剪管器、PVC 黏合剂(PVC 胶水)等。

图 1-14　PVC 线管

3. 桥架

电缆桥架分为槽式、托盘式、梯架式、网格式等结构,由支架、托臂和安装附件等组成。选型时应注意桥架的所有零部件是否符合系列化、通用化、标准化的成套要求。建筑物内桥架可以独立架设,也可以附设在各种建(构)筑物和管廊支架上,应体现结构简单、造型美观、配置灵活和维修方便等特点,全部零件均需进行镀锌处理,安装在建筑物外露天的桥架上,如果是在邻近海边或在易腐蚀区,则材质必须具有防腐、耐潮气、附着力好、耐冲击强度高的特性。

桥架表面工艺,有冷镀锌、热镀锌、静电喷涂、烤漆等。其中产品广泛用于石油化工、冶金、电力、学校通信、高层建筑等领域、具有外形美观、耐腐蚀性强、通用性广泛、安装灵活方便、品种齐全等特点。为了减轻质量还可以采用铝合金电缆和玻璃钢桥架,其外形尺寸、荷载特性均与钢质桥架基本相近,如图 1-15 所示。

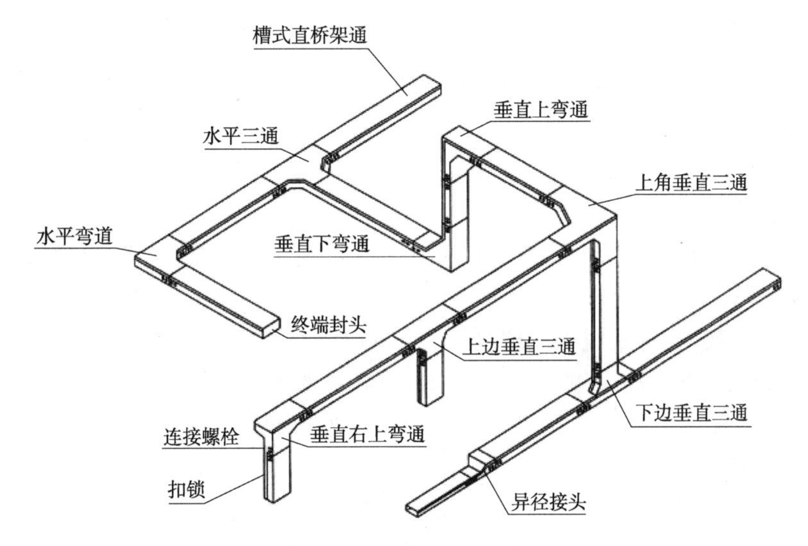

图 1-15　桥架常见连接结构

4. 信息模块

信息模块(也叫“信息插槽”)主要是连接设备间和工作间使用的,而且一般安装在明装或暗装的底盒中,具有更高的稳定性和耐用性,同时可以减少绕行布线造成的不必要的高成本,如图 1-16 所示。

信息模块根据产品质量的不同,可分为五类、六类屏蔽或非屏蔽模块,以适应现代社会要求越来越高的以太网传输,同时提升信息在传输过程中的抗衰减性能。

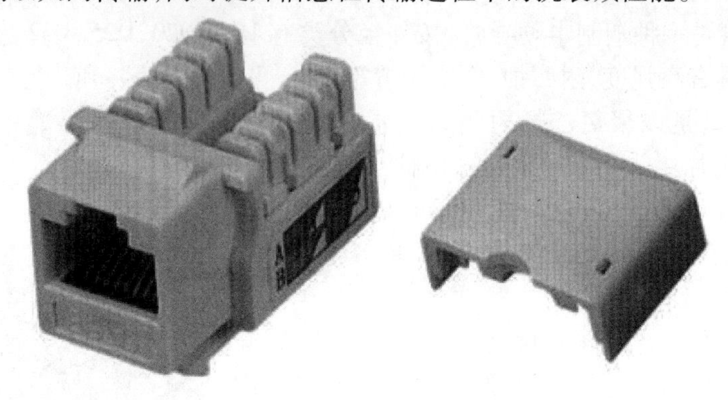

图 1-16　网络信息模块

5. 面板与底盒

常用面板分为单口面板(图 1-17)和双口面板,面板外形和尺寸应符合国家标准 86 型、120 型。

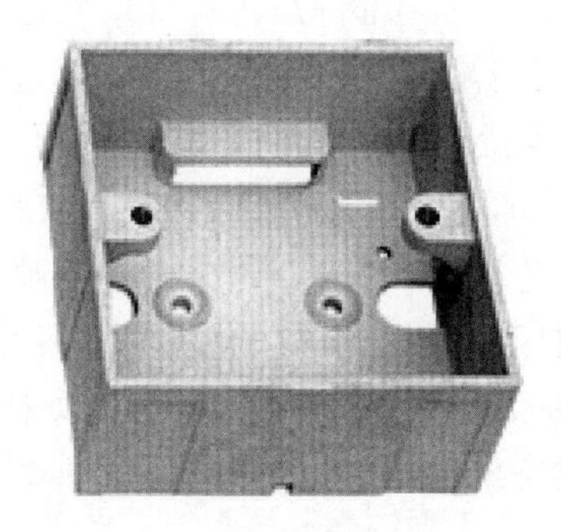

图 1-17　单口网络面板与底盒

86 型面板的宽度和长度均是 86mm,通常采用高强度塑料材料制成,适合安装在墙面上,具有防尘功能。

120 型面板的宽度和长度均是 120mm,通常采用铜或是铜合金材料制成,适合安装在地面,具有防尘、防水功能。

底盒分为明装底盒和暗装底盒两种。明装底盒一般采用高强度塑料材料制成,而暗装底盒有塑料材质的也有金属材质的。

6. 双绞线配线架、光纤配线架及理线架(图 1-18)

(1)综合布线工程中常用的配线架,有双绞线配线架和光纤配线架两种。

①双绞线配线架大多被用于水平配线。前面板连接集线设备的 RJ-45 端口,后面板连接从信息插座延伸过来的双绞线。双绞线配线架主要有 24 口和 48 口两种形式。在屏蔽布线系统中,应当选用屏蔽双绞线配线架,以确保屏蔽系统的完整性。

②光纤终端盒用于终接光缆,大多被用于垂直布线和建筑群布线。根据结构的不同,光纤终端盒可分为壁挂式和机架式。

a. 壁挂式可以直接固定于墙体上,一般为箱体结构,适用于光缆条数和光纤芯数都较小的场所。

b. 机架式可以直接安装在标准机柜中,适用于较大规模的光纤网络。

(2)理线架是整理跳线的一种装置,确保跳线看上去不会太过杂乱,理线架由两部分组成,即理线板和盖板(扣板),理线架用于规整配线架前端的跳线,让前端跳线走线更加规则整齐。通常一个配线架下方会搭配一个理线架使用。

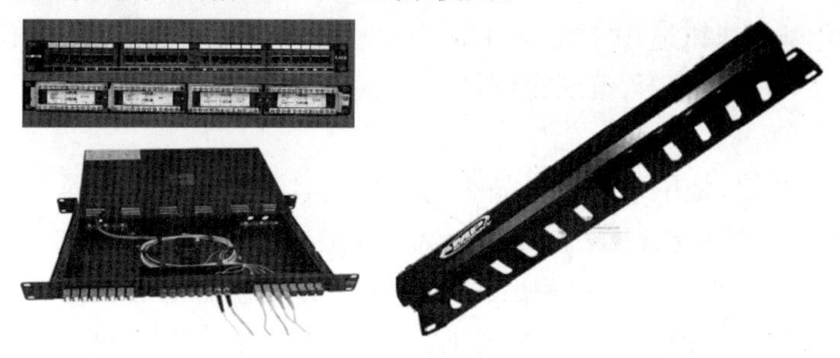

图 1-18　配线架、光纤配线架和理线架

7. 机柜

网络机柜用来组合安装面板、插件、插箱、电子元件、器件和机械零件与部件,使其构成一个整体的安装箱。根据目前的类型来看,有服务器机柜、壁挂式机柜、网络型机柜、标准机柜、智能防护型室外机柜等。其容量值为 2～42U,如图 1-19 所示。

图 1-19　40U 落地式机柜与 6U 网络墙柜

网络机柜应具有良好的技术性能。应根据设备的电气、机械性能和使用环境的要求,对机柜的结构进行必要的物理设计和化学设计,以保证机柜的结构具有良好的刚度和强度,以及良好的电磁隔离、接地、噪声隔离、通风散热等性能。此外,网络机柜应具有抗振动、抗冲击、耐腐蚀、防尘、防水、防辐射等性能,以便保证设备稳定可靠地工作。网络机柜应具有良好的使用性和安全防护设施,便于操作、安装和维修,并能保证操作者安全。网络机柜应便于生产、组装、调试和包装运输。网络机柜应合乎标准化、规格化、系列化的要求,机柜造型美观、适用、色彩协调。

三、综合布线工程中的常用工具

1. 打线钳

信息插座与模块是嵌套在一起的,埋在墙中的网线是通过信息模块与外部网线进行连接的,墙内部网线与信息模块的连接是通过把网线的 8 条芯线按规定卡入信息模块的对应线槽中的。网线的卡入需用一种专用的卡线工具,称之为“打线钳”,如图 1-20 所示。打线钳分 5 对 110 型打线钳和单对 110 型打线钳两种。

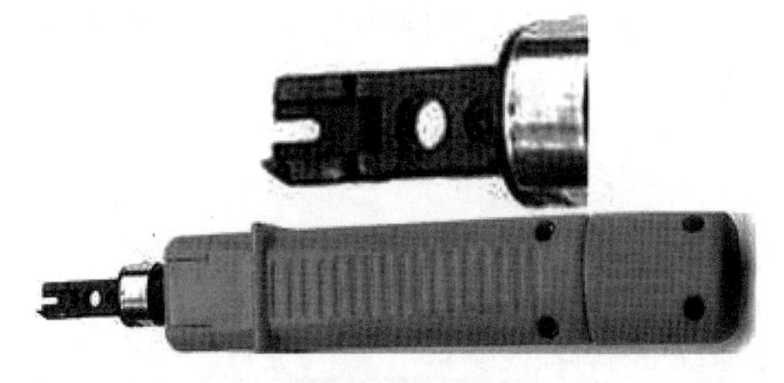

图 1-20　网络打线钳

(1)5 对 110 型打线钳是一种简单快捷的 110 型连接端子打线工具,是 110 配线(跳线)架连接块的最佳工具,一次最多可以接 5 对的连接块,操作简单,工作效率高,适用于缆线、跳接和跳线架的连接作业。

(2)单对 110 型打线钳适用于缆线、110 型模块及配线架的连接作业,使用时只需要简单地在打线钳的手柄上推一下,就能完成将导线卡接在模块中的工作。

2. 驳线钳

驳线钳又称压线钳,是用来压制水晶头的一种工具,如图 1-21 所示。常见的电话线接头(RJ11 水晶头)和网线接头(RJ45 水晶头)都是用驳线钳压制而成的。

驳线钳有单用和多用两种。单用驳线钳只能针对单独的电话线接头或者网线接头使用。多用的驳线钳是在一把驳线钳上集成了电话线接头和网线接头两种功能。

一把驳线钳具有双绞线切割、剥离外护套、水晶头压接等多种功能。

3. 剥线器

剥线器不仅外形小巧而且简单易用,只需要一个简单的步骤就可以去除线缆的外护套。其使用方法是:把线缆放在相应尺寸的孔内,使刀片与线缆的外护套接触,再将剥线器旋转 2 ~4 圈,便可以剥除缆线的外护套,如图 1-22 所示。

4. 测线仪(图 1-23)

当我们要测试网络线缆是否端接成功时,将线缆的一端插入测线仪的信号发射端,缆线的另一端插入信号反馈端。通常测线仪具备 RJ11 和 RJ45 接口。打开测线仪信号,发射端发射信号,使信号接收端接收信号,如信号发射端与信号反馈端指示灯由 1 ~8 依次跳动,说明该网络线缆端接成功,反之则端接失败。

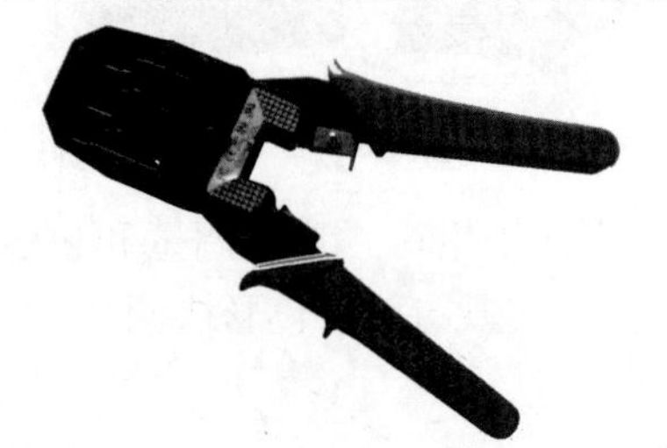

图 1-21　网络驳线钳

图 1-22　网络剥线器

图 1-23　网络测线仪

任务实施

一、观察智能建筑中的材料及型号

观察一幢智能建筑在布线中所用到的材料及型号,任务的实施步骤如下:

1. 查看智能建筑中的桥架

(1)查看智能建筑中桥架的材质。

(2)查看桥架所使用的辅材。

2. 查看智能建筑管理间子系统中所用到的线缆并记录

(1)查看管理间子系统中设备的摆放情况。

(2)查看管理间子系统中有哪些线缆。

(3)对这些线缆进行分类并标记。

二、观察智能建筑中的使用设备与材料

观察一幢智能建筑中管理间子系统中使用的设备与材料，任务的实施步骤如下：

(1)查看该智能建筑综合布线系统中所用的设备与材料的型号。

(2)查看该智能建筑管理间子系统中所用到的线缆的种类与型号。

任务工作单

<table>
<tr><td rowspan="3">学习情境：综合布线系统认知
工作任务：观察智能建筑布线时用到的材料</td><td>班级</td><td colspan="3"></td></tr>
<tr><td>姓名</td><td></td><td>学号</td><td></td></tr>
<tr><td>日期</td><td></td><td>评分</td><td></td></tr>
<tr><td colspan="5">一、任务内容
在指定的智能建筑中，观察建筑布线时，桥架型号与线缆类型。
二、基本知识
1. 电缆桥架分为________、________和________、________等结构，由________、________和________等组成。
2. 有线传输介质是指在两个通信设备之间实现的________连接部分，它能将信号从一方传输到另一方，有线传输介质主要有________、________和________。
3. 同轴电缆由里到外分为四层：________，________，________和________。
4. 信息插座一般是安装在________的，也有________和________的，主要是为了方便计算机等设备的移动，并且保持整个布线的美观。
三、任务实施
1. 指定一幢智能建筑并观察该智能建筑；
2. 列出该智能建筑综合布线系统中所用到的材料；
3. 列出该智能建筑管理间子系统中所用到的线缆种类与型号。
四、任务小结
通过此工作任务的实施，各小组集中完成下述工作。
1. 你认为本次实训是否达到了预期目的？有哪些意见和建议？

2. 在综合布线系统中常见的线缆有哪些？

3. 在综合布线系统中常用的工具有哪些？并简述工具的使用方法。

</td></tr>
</table>

工作任务三　铜缆的配线与端接

任务概述

任务描述

(1)完成如图1-24所示的一条简单链路的配线端接,每个同学完成1组。

(2)完成如图1-25所示的一条链路的配线端接,每个同学完成1组。

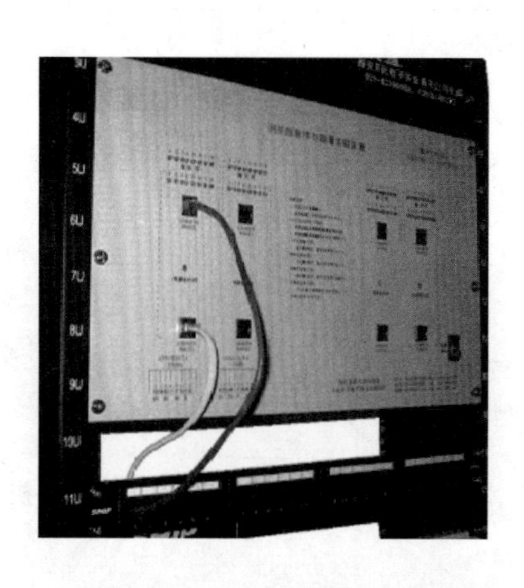

图1-24　简单永久链路示意图

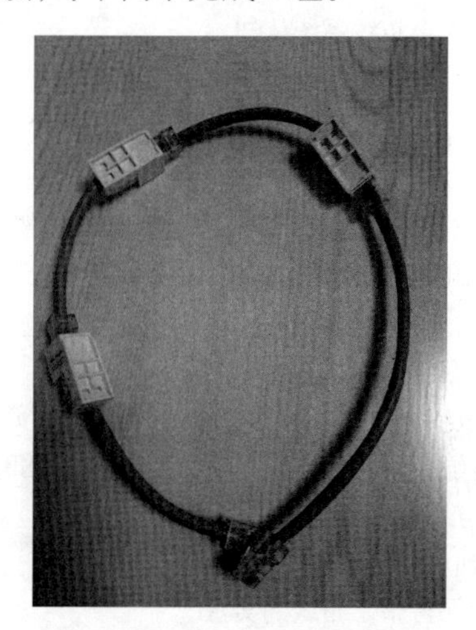

图1-25　信息模块链路

(3)完成一根同轴电缆BNC头的焊接,如图1-26所示,每个同学完成1组。

任务要求

1. 应知应会

(1)通过本工作任务的学习与具体实施,学生应学会下列知识:

①了解双绞线的端接原理;

②了解同轴电缆的端接原理;

③了解供电电缆的续接。

(2)通过本工作任务的学习与具体实施,学生应掌握下列技能:

①会对双绞线进行端接;

②会对同轴电缆进行端接;

③会对供电电缆进行续接;

④会对供电电缆进分支接线。

图1-26　BNC跳线

2. 学习要求

(1)学生在上课前,应到本课程的网站中预习本工作任务的相关教学内容。

(2)本课程采用理实一体化的模式组织教学,学生在学习过程中,要注重理论与实践的结合,提高自己的动手能力。

(3)每个工作任务学习结束后,学生应独立完成任务工作单的填写。

相关知识

一、双绞线配线端接

1. 剥线

利用剥线工具(如剥线钳、网线钳的剥线刀、剪刀等)将线缆两端外部绝缘护套剥开。

注意:在剥开线缆外部绝缘护套后,应检查线缆中线芯部分有没有在剥线的时候受到损伤,如受到损伤则剪掉重新进行剥线步骤。反之,则进行下一步。

2. 分线

现将缆线已经剥好的端头按照颜色拆成4对单绞线,再将4对单绞线分别拆开按标准线序整理线芯,剪齐线端。

(1)T568A线序:绿白-1,绿-2,橙白-3,蓝-4,蓝白-5, 橙-6,棕白-7,棕-8。

(2)T568B线序:橙白-1,橙-2,绿白-3,蓝-4,蓝白-5, 绿-6,棕白-7,棕-8。

注:"橙白"是指浅橙色,或者白线上有橙色的色点、色条的线缆,绿白、棕白、蓝白同理。

双绞线的顺序与RJ45头的引脚序号要一一对应如图1-27所示。

注意:RJ45水晶头和模块的端接方法不同,则所留线芯长度不同。RJ45水晶头双绞线在剥线时所剥长度应不超过20mm,接头线芯长度应不超过14mm。缆线与模块端接时,双绞线端接处被剥线段应当尽量短,能够满足压线端接即可,不可为了端接方便,将双绞线剥得过长,过长会引起较大的近端串干扰。

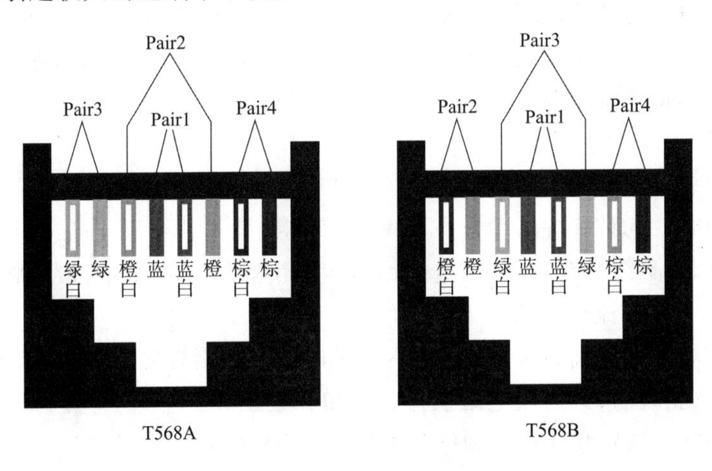

图1-27 T568A、T568B线序

3. 进行端接

(1)双绞线与RJ45水晶头压接:将处理好的双绞线线芯插入RJ45水晶头当中,查看RJ45水晶头上边和左右两边双绞线线芯是否插到RJ45水晶头顶端,确认线芯插入无误后,将插好双绞线的RJ45水晶头插入压线钳的RJ45模块中进行压接。对线缆另一端也使用同样的方法制作,两端端接完成后,使用测线仪进行测试。

(2)双绞线与RJ45模块压接:处理好的双绞线线芯按照RJ45模块式标识插入对应颜色的线槽内,利用打线器(打线钳)将线芯打入RJ45模块线槽的刀口内,整理好RJ45模块线槽口多出的缆线,盖上防尘帽,将端接完成的RJ45水晶头网线插入RJ45模块,然后用测线仪进行测试。

(3)双绞线与网络配线架进行端接:将分好线的双绞线按照网络配线架上的颜色顺序依次放好,逐一用网络打线钳将双绞线的线芯压接到网络配线架模块的线槽中(与 RJ45 模块的压接方法类似)。压接完成后,整理好网络配线架模块线槽口多余的缆线并查看是否都压接到位,确认无误后装上理线架完成压接,如图 1-28 所示。

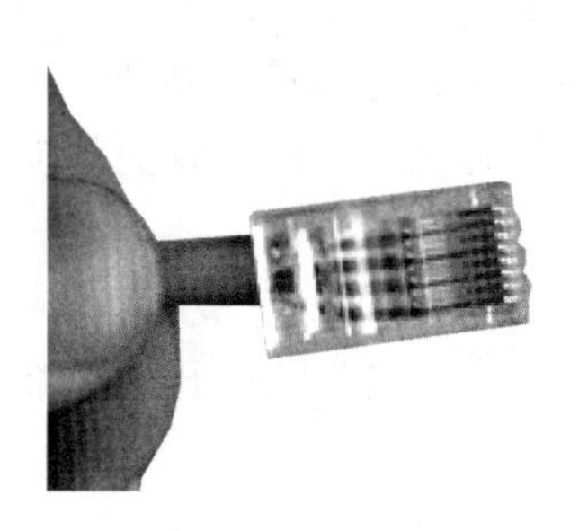
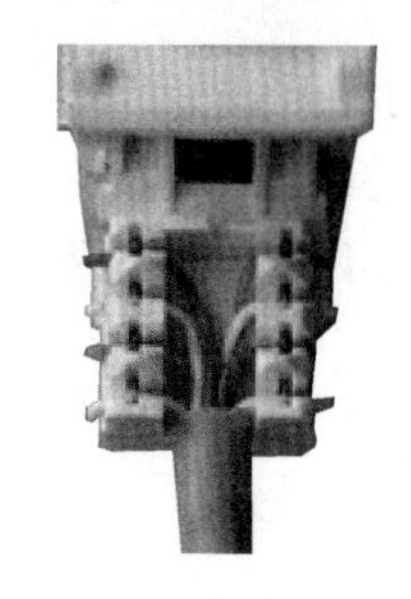
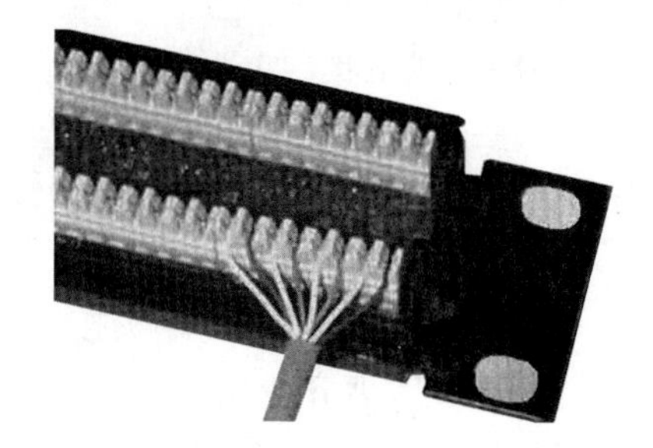

图 1-28　端接成功后的水晶头与模块

二、同轴电缆配线端接

在此,以常见的同轴电缆 SYV75 - 5 监控电缆为例,介绍一下同轴电缆的端接方式。

1. 剥线

同轴电缆由外向内分别为外部保护层、金属屏蔽网线(接地屏蔽线)、乳白色透明绝缘层和芯线(信号线)。芯线由一根或几根铜线构成,金属屏蔽网线是由金属线编织的金属网,内外层导线之间用乳白色透明绝缘物填充,内外层导线保持同轴,故称为同轴电缆。剥线用剪刀将同轴电缆外层保护胶皮剥去 1.5cm,注意不要割伤金属屏蔽线,再将芯线外的乳白色透明绝缘层剥去 0.6cm,使芯线裸露。

2. 进行端接

同轴电缆与组装式 BNC 接头进行端接:同轴电缆与组装式 BNC 接头端接时,需使用小螺丝刀、电工钳和电工剪刀,按前述方法剥线后,将芯线插入芯线固定孔,再用小螺丝刀固定芯线,将外层金属屏蔽线拧在一起,用电工钳固定在屏蔽线固定套中,最后将尾部金属拧在 BNC 接头本体上。制作流程如图 1-29 所示。

同轴电缆与端接焊接式 BNC 接头端接:同轴电缆与端接焊接式 BNC 接头端接需使用电烙铁,按前述方法剥线后,只需用电烙铁将芯线和屏蔽线焊接在 BNC 头上的焊接点上,套上硬塑料绝缘套和软塑料尾套即可。制作过程如图 1-30 所示。

同轴电缆与冷压式 BNC 接头进行端接:同轴电缆与冷压式 BNC 接头进行端接,需要使用冷压钳进行制作,按前述方法剥线后,将线芯接头处套入 BNC 接头中的芯线插针中,用冷压钳冷压端接芯线插针,再将 NBC 接头的金属套筒前推,使套筒将外层金属屏蔽线卡在 BNC 接头本体尾部的圆柱体,用冷压钳对本体尾部的圆柱体进行冷压端接即可。制作过程如图 1-31 所示。

三、供电缆线续接

供电线缆的端接是电工作业的一项基本工序。线缆的连接质量直接关系到整个线路的使用时间与安全性。常用的连接方法有绞合连接、紧压连接、焊接等。下面介绍几种供电电缆的连接方式。

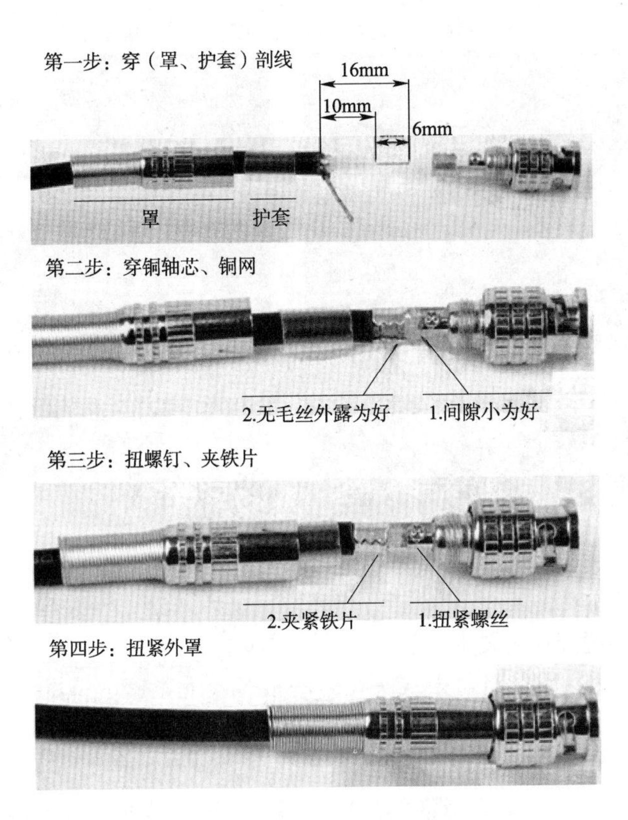

图 1-29　组装式 BNC 头的制作

第一步：对缆线线芯去除多余部分，并将线芯与屏蔽线插入对应BNC头孔位，夹紧视频头

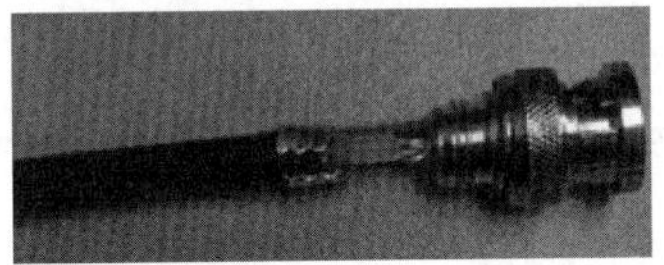

第二步：焊接线芯与屏蔽线，检查焊点

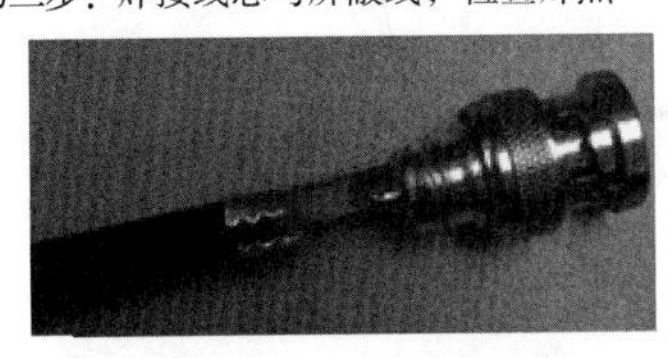

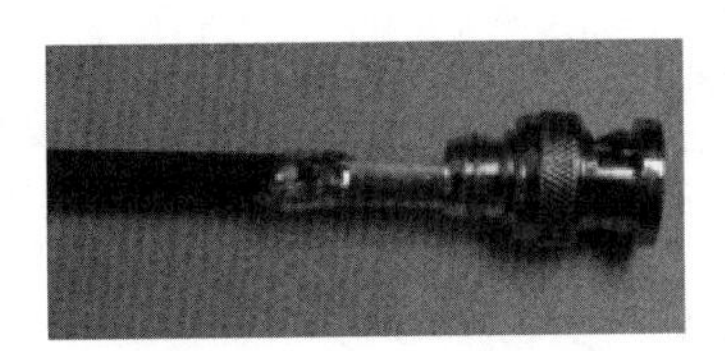

第三步：套上护套完成制作

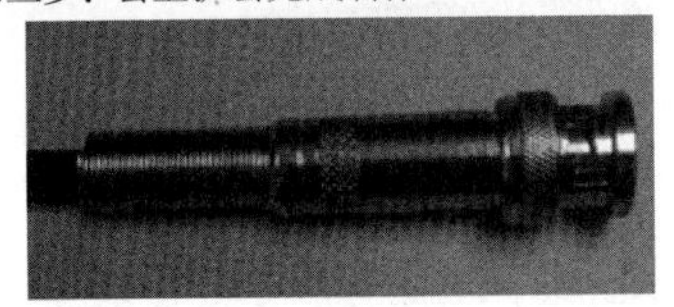

图 1-30　焊接式 BNC 头的制作

1. 绞合连接法

绞合连接的方法是最常用的一种接线方法，绞合连接是指将需要连接的电缆线芯直接紧密地绞合在一起。连接不同型号电缆其绞合的方法也不同。

第一步：剥好线的视频线将线芯插入BNC头中插针中并进行压接

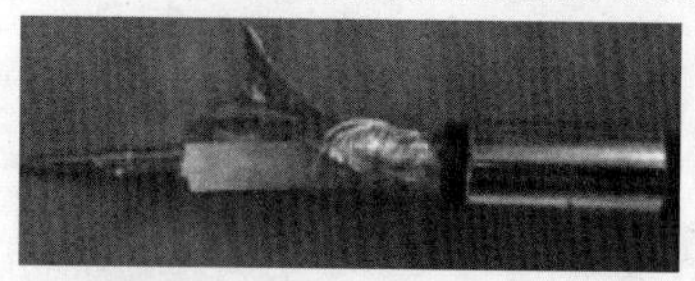

第二步：检查插针与线芯是否压接牢固并安装BNC头本体与护套

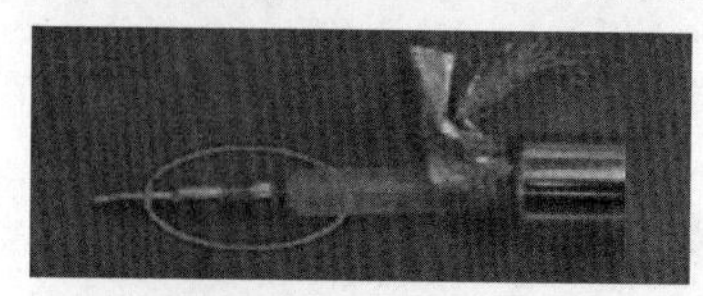

第三步：用冷压钳对BNC头护套进行压接并检查压接的牢固性完成端接

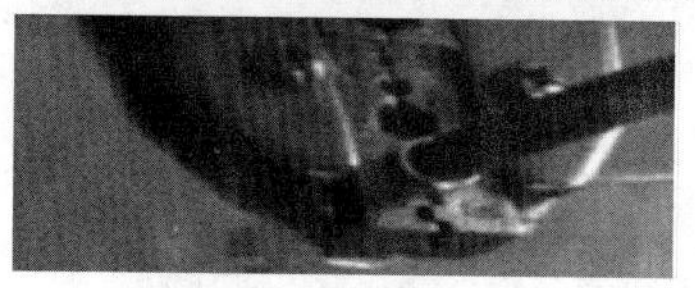

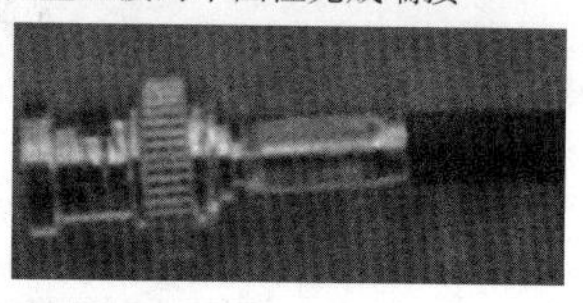

图 1-31　冷压式 BNC 头的制作

(1)单股铜缆的直接连接。

①小截面单股铜缆连接方法是:先将两导线线芯的线头作 X 形交叉,在将它们相互缠绕 2～3 圈后扳直两边线头,然后将每根线头在另一根芯线上紧密的绕 5～6 圈,确定两根芯线已经连接牢固后将多余的线头剪除后,包上绝缘胶布即可,如图 1-32 所示。

②大截面单股铜缆连接方法是:先在两导线的线芯重叠处填入一根相同直径的芯线,再用一根截面面积约 1.5mm^2 的裸铜缆线在其上紧密缠绕,缠绕长度为导线直径的 10 倍左右,然后将被连接导线的芯线线头分别折回,再将两端缠绕的铜线继续缠绕 5～6 圈后剪除多余的线头即可,如图 1-33 所示。

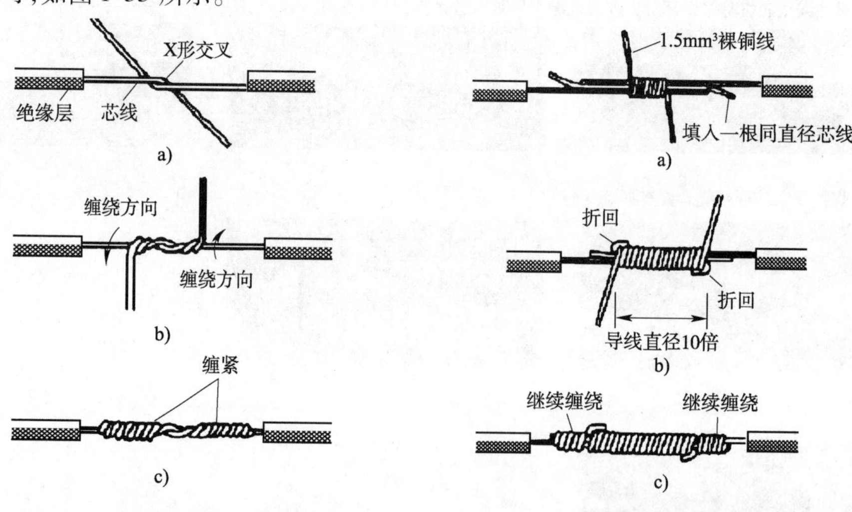

图 1-32　小截面单股铜缆导线的连接

图 1-33　大截面单股铜缆导线的连接

③不同截面的单股铜缆的连接方法是:先将细缆导线的芯线在粗缆导线的芯线上紧密缠绕 5～6 圈,然后将粗缆导线的芯线线头部分折回压紧在缠绕的细缆导线上,再用细缆导线芯线继续在折回的粗缆芯线线头上缠绕 3～4 圈,剪去多余的线头,包裹上绝缘胶布即可,如图 1-34 所示。

(2)单股铜缆导线的分支连接。

①单股铜缆导线的 T 字分支的方法是:将支路芯线的线头紧密缠绕在干路铜缆的芯线

上，缠绕 5 ~ 8 圈后剪去多余的线头即可。对于小截面的芯线，可以将支路芯线的线头在干路芯线上打一个环绕结，再紧密缠绕 5 ~ 8 圈后剪除多余线头即可，如图 1-35 所示。

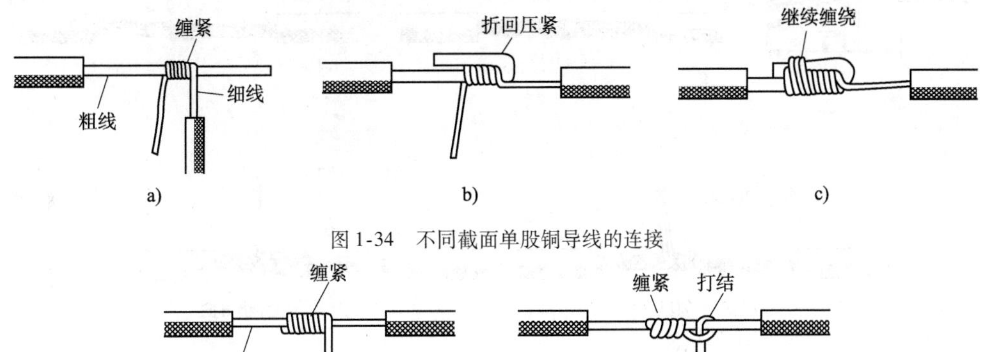

图 1-34　不同截面单股铜导线的连接

图 1-35　单股铜导线的 T 字分支连接

②单股铜导线的十字分支连接方法是：将上下支路芯线的线头紧密缠绕在干路芯线上，缠绕 5 ~ 8 圈后剪除多余线头即可，如图 1-36 所示。

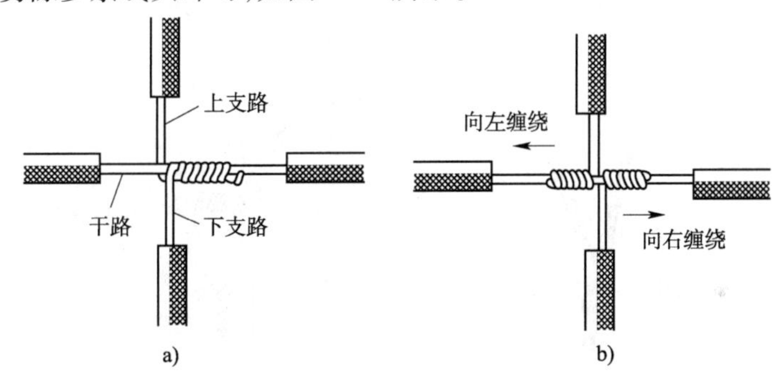

图 1-36　单股铜导线的十字分支连接

(3)多股铜缆导线的直接连接。

多股铜缆导线的直接连接方法是：将拨去绝缘层的多股芯线拉直，将其靠近绝缘层的 1/3芯线处绞合拧紧，将其与的 2/3 芯线部分成伞状分开，另一根需要连接的铜缆导线芯线也作如此处理。然后将两个伞状的线芯接头处对着相互插入后捏平，并将每一边的芯线线头分成 3 组，先将其中一边的第一组线头翘起并紧密缠绕在芯线上，再将第二组线头翘起并紧密缠绕在芯线上，最后将第三组线头翘起并紧密缠绕在芯线上。采用同样方法缠绕到另一边的线头，如图 1-37 所示。

(4)多股铜缆导线的分支连接。

多股铜缆导线的 T 字分支连接有两种方法：

①将支路芯线折弯 90°后与干路芯线并行，然后将线头折回，紧密缠绕在芯线上即可，如图 1-38 所示。

②将支路芯线靠近绝缘层约 1/8 芯线绞合拧紧，将其余 7/8 的芯线分成两组，一组插入干路芯线当中，另一组放在芯线线芯前面，并向后边方向缠绕 4 ~ 5 圈。再将插入干路芯线当中的那一组向左边方向缠绕 4 ~ 5 圈，则完成连接，如图 1-39 所示。

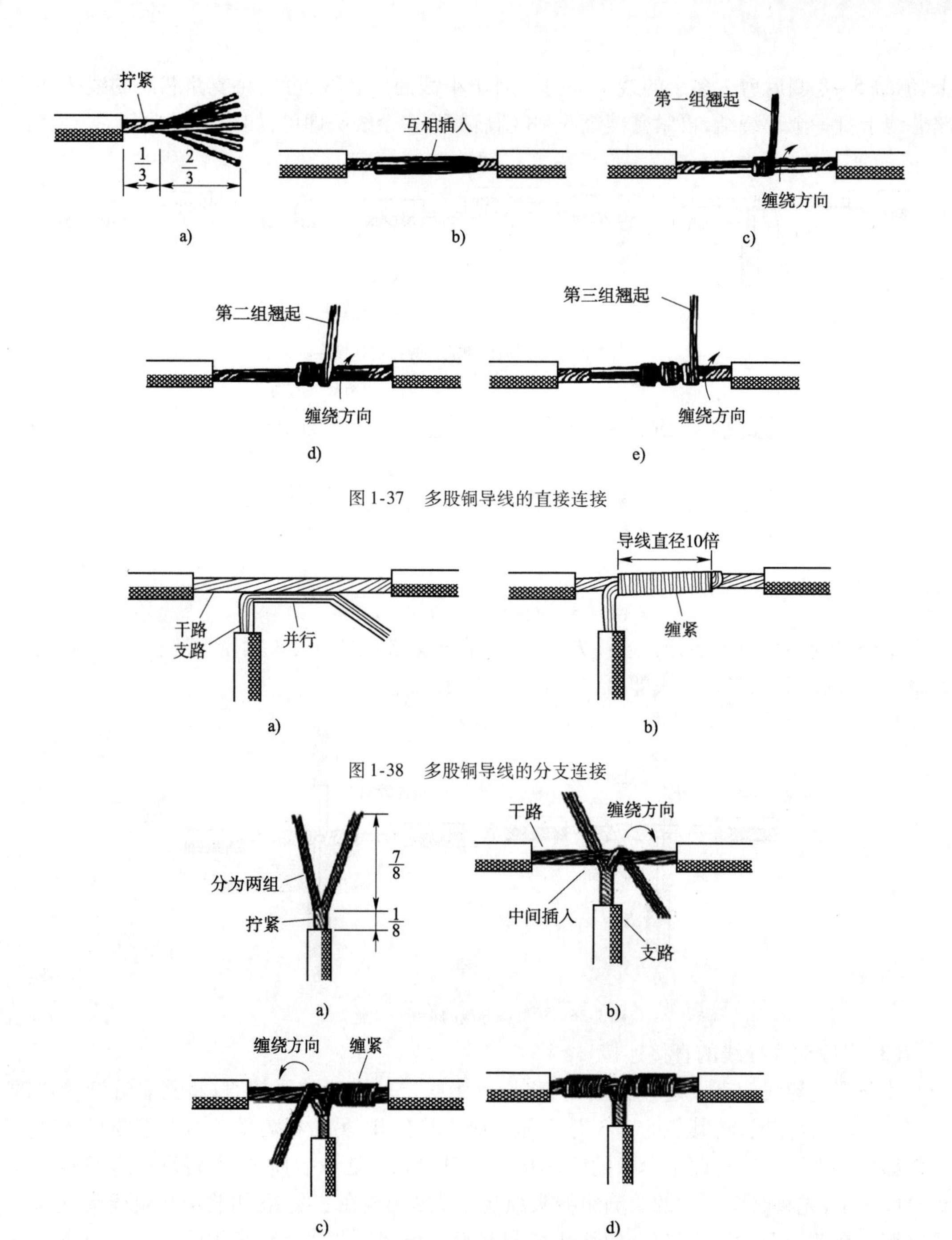

图 1-37　多股铜导线的直接连接

图 1-38　多股铜导线的分支连接

图 1-39　多股铜导线的分支连接

（5）单股铜缆导线与多股铜缆导线的连接

单股铜缆导线与多股铜缆导线的连接方法是：先将多股铜缆导线的线芯绞合拧紧成单股状，再将其紧密缠绕在单股导线的芯线上 5～8 圈，最后将单股芯线的线头折回并压紧在缠绕部位即可，如图 1-40 所示。

（6）同一方向的铜缆导线的连接

当需要连接的铜缆导线来自同一方向时，连接方法是：将一根铜缆导线的芯线紧密缠绕在其他铜缆导线的芯线上，再将其他芯线的线头折回压紧即可。对于多股铜缆导线，可以将两根铜缆导线的芯线相互交叉，然后绞合拧紧即可。对于单股导线与多股导线的连接，可将多股导线的芯线紧密缠绕在单股铜缆导线的线芯上，再将单股芯线的线头折回压紧即可，如图 1-41 所示。

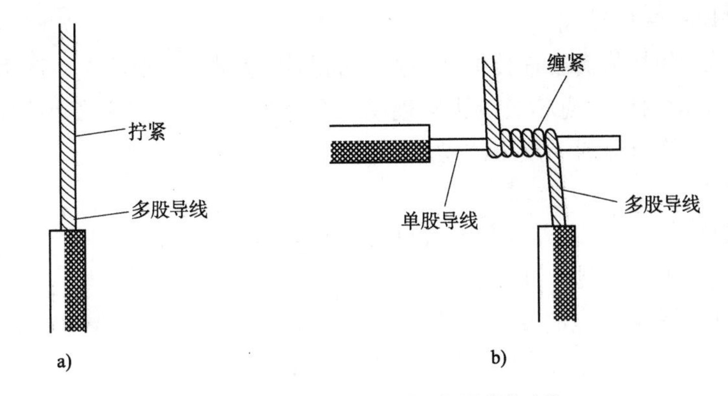

图 1-40　单股铜导线与多股铜导线的连接

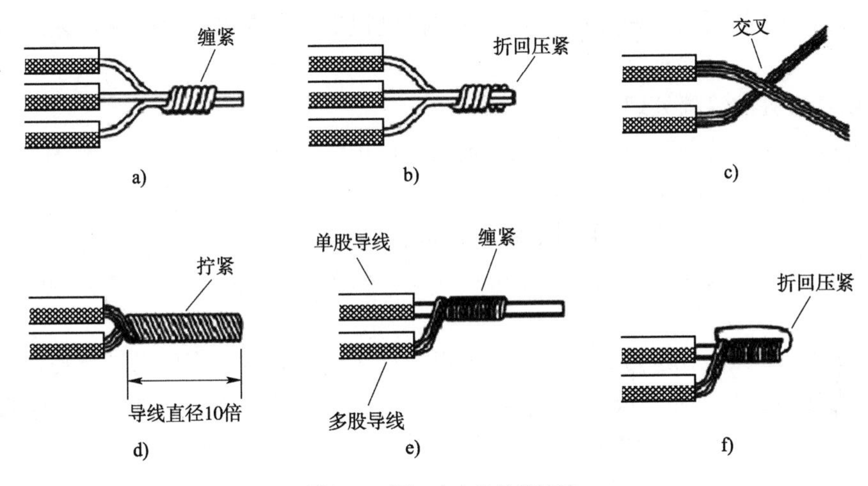

图 1-41　同一方向的导线连接

(7) 双芯或多芯铜缆导线的连接

双芯护套线、三芯护套线或电缆、多芯电缆在连接时，应当注意尽可能将各芯线的连接相互错开位置，这样可以更好地防止线芯之间的漏电或短路，如图 1-42 所示

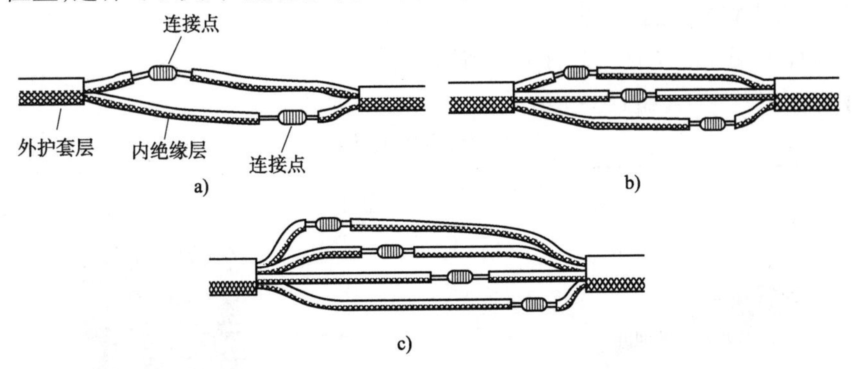

图 1-42　双芯或多芯电缆的连接

2. 压紧连接法

压紧连接是指用铜或者铝套管套在连接的芯线上，再用压接钳或者压接模具压紧套管，

使导线芯线保持连接。铜缆一般使用铜质导管，铝导线一般采用铝制导管。紧压连接前应先清除线缆芯线表面和套管内壁上的氧化层和沾污物，以确保接触良好。

压接套管截面有圆形和椭圆形两种。圆截面的套管内可以穿入一根导线，椭圆截面的套管内可以并排压接两根导线。

圆截面导管使用时，将需要连接的两根线缆的芯线分别从套管的左右两端插入，插入的长度尽量相等以保持两根线缆芯线线头的连接点位于套管内的中间，然后用压接钳或者压接模具压紧套管，这样就完成了缆线的紧压连接。

3. 焊接连接法

焊接是指将金属（如焊锡）熔化融合而使得线缆导线连接。在电工技术中，导线连接的焊接种类有锡焊、电阻焊、气焊、纤焊等。

在弱电工程中，视频线缆的端接使用焊接连接的比较多。其步骤是：将缆线绝缘层剥除，露出芯线部分，用剪刀或小刀清除芯线露出部分的氧化层和沾污物，使芯线部分保持干净。为了保证焊接处连接的可靠性和焊接部位的牢固性，可以将两边的芯线先进行绞合连接，再涂上助焊剂，利用电烙铁进行焊接。在焊接过程中应使焊锡充分熔融渗入绞合导线的缝隙中。焊接完成后应检查是否焊接牢固。

4. 导线连接处的绝缘处理

为了进行连接，导线连接处的绝缘层已经被去除，掉线连接完成后，必须对所有所去除绝缘层部分进行绝缘处理，以恢复导线的绝缘性。恢复后绝缘的强度，应不低于原来的绝缘强度。

导线连接处的绝缘处处理，采用绝缘胶带进行缠裹包扎。一般电工常用的绝缘带有黄蜡带、涤纶薄膜带、黑胶布、熟料胶带、橡胶胶带等。绝缘胶带的宽度一般为20mm，使用起来比较方便。

对于220V的线路，在进行绝缘操作时可以只使用绝缘胶布。当使用绝缘胶布进行绝缘操作时，应当注意绝缘胶布与线缆芯线应当紧密连接，可以多层反复缠绕，且使绝缘操作的线缆不应有线缆的金属部分裸露出来。

任务实施

一、将双绞线与水晶头进行端接

任务的实施步骤如下：

（1）根据任务编写设备材料统计表，申请设备材料。

（2）领取材料及工具，如表1-2所示。

双绞线端接工具 表1-2

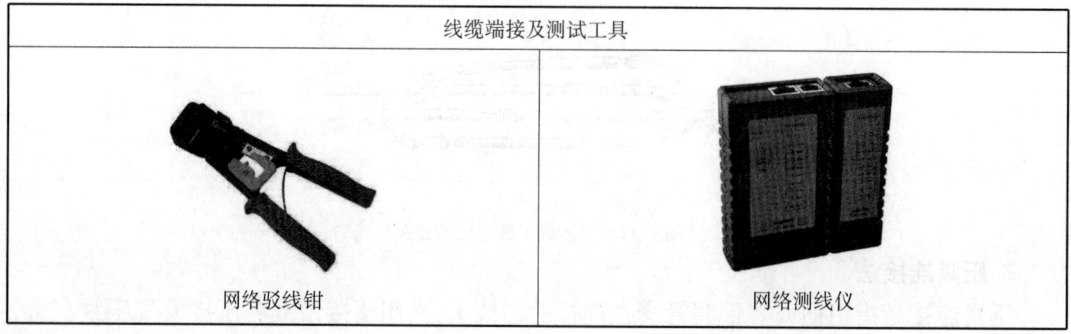

线缆端接及测试工具	
网络驳线钳	网络测线仪

(3)按照T568B的线序制作水晶头(橙白、橙、绿白、蓝、蓝白、绿、棕白、棕)。

(4)用网络驳线钳上的剥线刀剥开双绞线并检查在剥线过程中有无划伤双绞线的线芯。

(5)检查确认双绞线线芯无损伤后,将线芯按线序分好并整理平整、剪平。

(6)将整理平齐的线芯插入水晶头,用压线钳压紧,从而完成端接。

(7)完成端接后用测线仪测试是否端接成功。

二、将视频线用焊接的方法与BNC接头进行端接

任务的实施步骤如下:

(1)根据任务编写设备材料统计表,申请设备材料。

(2)领取材料及工具,如表1-3所示。

同轴电缆端接的工具 表1-3

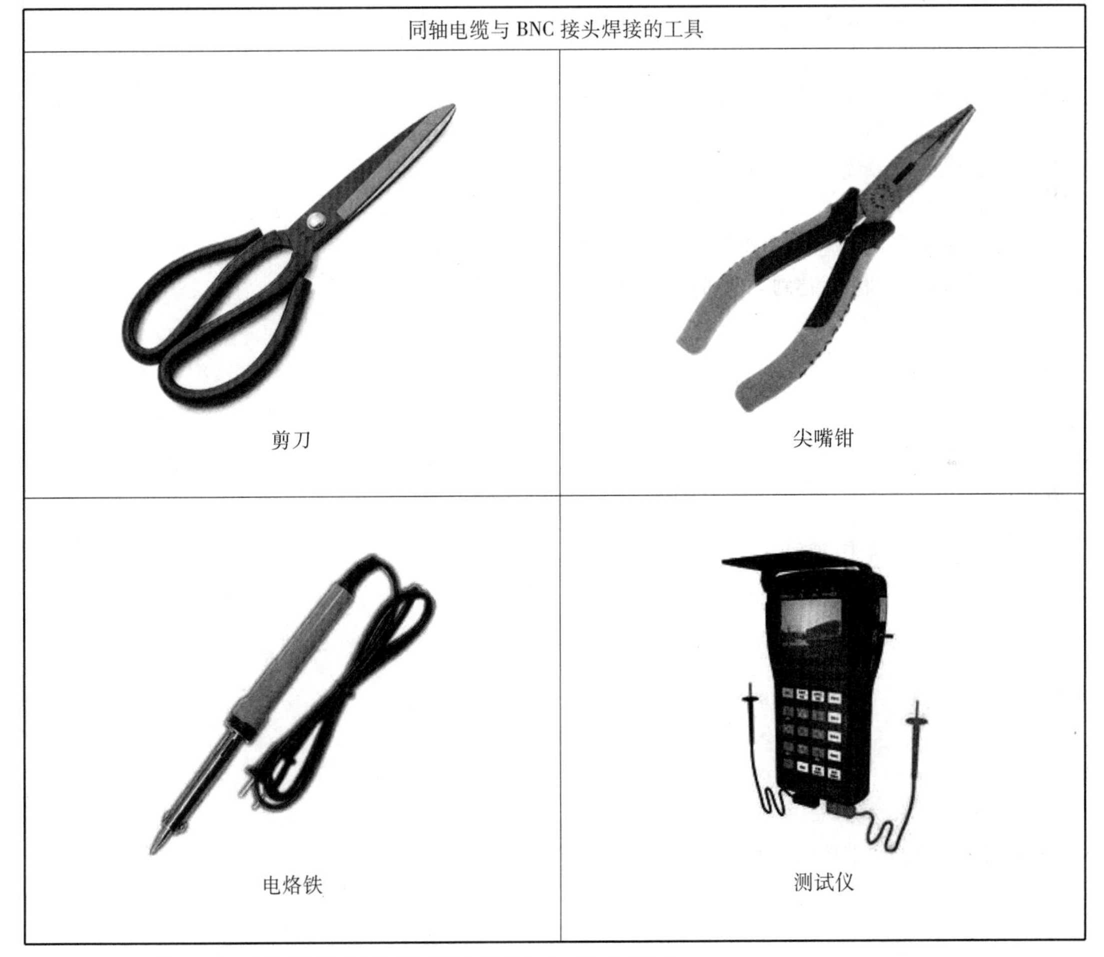

同轴电缆与BNC接头焊接的工具	
剪刀	尖嘴钳
电烙铁	测试仪

(3)用剪刀或剥线器将视频线保护层剥开,露出线芯。

(4)对电烙铁进行加热,等待到达焊接温度。

(5)拆开BNC接头将视频线线芯插入BNC接头对应的孔位。

(6)开始焊接,焊接完成后将BNC接头重新组装并完成端接。

(7)完成端接后用设备测试是否端接成功。

任务工作单一

学习情境:综合布线系统认知 工作任务:双绞线与水晶头的端接	班级			
	姓名		学号	
	日期		评分	

一、任务内容

将双绞线与水晶头进行端接。

二、基本知识

1. 当我们要测试水晶头与双绞线是否端接成功时我们将用到__________。

2. 当将水晶头与双绞线端接时我们将用到________、________、________等工具。

3. 按照 T568B 标准将水晶头与双绞线端接时的线序是____、____、____、____、____、____、____、____。

4. 双绞线与水晶头端接的步骤是________、________和________。

三、任务实施

1. 根据任务领取相关材料与工具;

2. 对双绞线进行剥线、分线与剪线操作;

3. 将处理好的双绞线插入水晶头并进行压接。

四、任务小结

通过此工作任务的实施,各小组集中完成下述工作。

1. 你认为本次实训是否达到了预期目的?有哪些意见和建议?

2. 在综合布线系统中,如何将常见的线缆与设备进行连接?

3. 双绞线与水晶头端接的原理是什么?

任务工作单二

<table>
<tr><td rowspan="3">学习情境:综合布线系统认知
工作任务:同轴电缆与 BNC 接头的焊接</td><td>班级</td><td colspan="3"></td></tr>
<tr><td>姓名</td><td></td><td>学号</td><td></td></tr>
<tr><td>日期</td><td></td><td>评分</td><td></td></tr>
</table>

一、任务内容

将视频线用焊接的方法与 BNC 接头进行端接。

二、基本知识

1. 同轴电缆由外向内分别为保护外部________、________、________和________。
2. 端接组装式 BNC 接头需使用________和________。
3. 端接 BNC 接头分为________、________和________几种方式。

三、任务实施

1. 根据任务领取相关材料与工具;
2. 对视频线(同轴电缆)进行剥线操作;
3. 将视频线保护层剥开,露出线芯;
4. 加热电烙铁;
5. 拆开 BNC 接头将视频线线芯插入 BNC 接头对应的孔位;
6. 开始焊接,焊接完成后将 BNC 接头重新组装并完成端接。

四、任务小结

通过此工作任务的实施,各小组集中完成下述工作。

1. 你认为本次实训是否达到了预期目的? 有哪些意见和建议?

2. 同轴电缆有几种端接方式?

3. 同轴电缆焊接的步骤是什么?

学习情境二 楼宇内综合布线

情境概述

一、职业能力分析

通过本情境的学习,期望达到下列目标。

1. 专业能力

(1)能编制楼宇内的布线方案;

(2)能依据布线方案完成相应的施工;

(3)能独立完成楼宇内各个子系统的维护工作。

2. 社会能力

(1)通过分组活动,培养团队协作能力;

(2)通过规范文明操作,培养良好的职业道德和安全环保意识;

(3)通过小组讨论、上台演讲评述,培养与客户的沟通能力。

3. 方法能力

(1)通过查阅资料、文献,培养自学能力和获取信息能力;

(2)通过情境化的任务单元活动,掌握解决实际问题的能力;

(3)填写任务工作单,制订工作计划,培养工作方法能力;

(4)能独立使用各种媒体完成学习任务。

二、学习情境描述

根据用户需求,为用户编制某栋楼宇内的综合布线方案。依据此布线方案完成楼宇内综合布线工程的施工,同时完成相应的图纸、文档的归档作业。

三、教学环境要求

(1)本学习情境要求在理实一体化专业教室和专业实训室完成。实训室配置要求如下:

①模拟实训楼宇1幢;

②综合布线工具4套;

③相关的实训材料;

④计算机(用于查询资料以及编写方案);

⑤任务工作单;

⑥多媒体教学设备、课件和视频教学资料等。

(2)建议学生3~4人为一个小组,各组独立完成相关的工作任务,并在教学完成后提交任务工作单。

工作任务一　了解综合布线设计原则

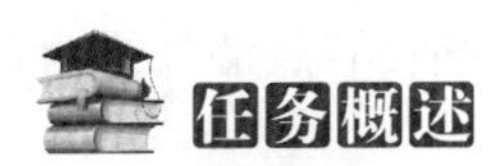

任务概述

任务描述

(1)单独识别综合布线系统工程蓝图。

(2)单独将 A2 纸的工程蓝图折叠成 A4 图纸。

任务要求

1. 应知应会

(1)通过本工作任务的学习与具体实施,学生应了解综合布线系统设计原则。

(2)学生应该掌握下列技能:

①掌握综合布线系统设计的步骤;

②学会阅读建筑物电气图纸;

③能根据设计图纸,绘制综合布线系统图纸。

2. 学习要求

(1)学生在上课前,应到本课程的网站中预习本工作任务的相关教学内容。

(2)本课程采用理实一体化的模式组织教学,学生在学习过程中,要注重理论与实践的结合,提高自己的动手能力。

(3)每个工作任务学习结束后,学生应独立完成任务工作单的填写。

相关知识

一、综合布线系统工程的实施步骤

一个综合布线系统工程从设计开始到验收交付使用,大致要经历这样几个阶段,分别是设计、方案编制、投标、合同签订、施工、验收、竣工决算和竣工资料移交、售后服务。

1. 设计

在设计阶段,主要需完成下面几个工作任务:

(1)确定用户基本需求。

同用户负责人进行详细交流,充分了解用户桌面接入带宽,是 100Mb/s 还是 1000Mb/s;是否安装摄像机,是选择数字摄像机还是模拟摄像机[1]。以上是确定综合布线级别的主要依据。

(2)根据设计单位图纸[2],了解每幢楼的具体信息。

与用户负责人进行详细交流,充分了解每幢楼的用途、每层楼的用途,以及每个房间的用途。其次要确定每幢楼的进线间、设备间、管理间的位置。

如果相关建筑已经封顶,建议到现场查看;若未封顶,只能进行图纸作业,则必须充分了解建筑物相关信息和用户需求。

---

[1] 用户有需求,则列入需求分析。

[2] 在用户提供的图纸中,一般包括土建图纸、电气图纸及给排水图纸;这里一般指电气图纸。

(3)根据设计单位图纸及装修图纸,规划建筑物楼宇内布线。

这里的主要工作之一是统计信息点的数量及类型。其次,确定线缆路由、线缆长度、线缆类别,主要包括水平线缆及干线线缆。

根据用户装修图纸,为线缆选择合适的敷设方式。目前主要有墙内线管暗敷、墙外线槽明敷、托臂(吊装)水平桥架敷设、骑马垂直桥架敷设。

(4)根据设计单位图纸,规划园区主干网。

其中包括室外线缆路由的规划以及室外线缆布线方式的选择。目前,大多数园区主干网室外布线方式都是选择管道埋设方式。采用这种方式,需要合理规划室外线缆井、线缆手孔,其次需要确定室外线缆类型和线缆长度。

2. 方案编制

在方案编制阶段,主要的工作任务是编制技术方案、预算方案、施工方案。

(1)技术方案的主要内容:

①系统设计目标;

②系统设计原则和依据;

③楼宇内系统拓扑图;

④楼宇内布线图(一般为 CAD 图);

⑤园区主干网拓扑图;

⑥设计说明;

⑦设备材料清单。

计算并统计设备材料的数量,并为设备材料选型。在设备材料清单中必说明设备材料的名称、型号、数量。

如果有其他系统,比如模拟信号闭路电视监控系统、有线电视等,可以单列出来做技术方案。

(2)预算方案。预算方案是从事综合布线工程公司内部的机密材料。预算方案,一般包括综合布线工程的成本、预期利润、报价等内容,其中报价部分是投标的主要依据。预算方案,一般由公司的工程部门和商务部门(财务部门)共同完成。工程部门负责工程量的计算、材料统计;而商务部门(财务部门)负责设备材料的询价、核算工程成本、预期利润、报价等。

(3)施工方案的主要内容:

①工程概况;

②施工组织计划;

③施工人员构成;

④质量安全保障措施;

⑤文明施工措施;

⑥施工计划进度;

⑦工程组织实施管理。

如果有其他系统,比如模拟信号闭路电视监控系统、有线电视等,可以单列做施工方案。

3. 投标

投标是由公司商务部门负责组织,编写投标文件,响应招标要求。参与的主要部门一般是工程技术部门及商务部门。

4. 合同签订

中标后，一般由公司商务部门负责合同谈判及签订。其中主要涉及工程概况、工程内容、施工工期、质量标准、违约责任、质保金、付款方式、售后服务、合同生效等内容。

5. 施工

在进场前，必须向业主或者是监理提供项目的施工方案及开工申请单，业主或者监理批复后方可施工。如果施工前业主或者监理要求设备材料报验，则必须在第三方检测机构检测合格后，提供相应的设备材料报验单，业主或者监理批复后方可施工。

在施工过程中，应做好现场人员、设备、材料管理，保证人员、设备、材料安全。同时严格按照相关标准施工，保证施工进度。其次，在施工过程中，会同业主或者监理做好隐蔽工程、光缆熔接等项目的随工检测工作。

在施工的过程中还要注意与业主或监理、其他安装工程负责人、土建负责人进行交流，注意施工的流程以及成品保护等问题。

6. 验收

验收，一般包括综合布线系统试运行及验收申请单的编写。综合布线系统试运行时间一般为1～3个月，具体时间根据综合布线系统大小决定，试运行阶段结束后，应编写综合布线系统试运行报告。综合布线系统试运行阶段结束后，即可申请验收。验收申请单的附件应包括综合布线系统试运行报告、工程技术文档、依据《综合布线系统工程验收规范》（GB 50312—2007）编写的测试报告以及合同中要求的主要设备安装清单。

7. 竣工决算和竣工资料移交

竣工决算是体现了项目的实际造价和投资效果的文件，包含预算文件，新增项、减项等内容，是最终的项目造价。一般由公司工程部门会同商务部门完成。

工程验收完成后，项目负责人（一般是项目经理）将竣工档案向业主或监理提交。一般包括技术方案、竣工图纸、工程技术文档等。

8. 售后服务

根据合同条款为用户提供售后服务。

二、综合布线系统的设计原则

综合布线系统的设计是以国家标准《综合布线系统工程设计规范》（GB 50311—2007）为参照，在满足用户需求的基础上，预留一定的扩展余地，既要满足用户基本需求，也不能过多超出用户需求。如果用户招标文件中提出了具体的技术指标要求，以响应招标文件为准。

综合布线系统的设计步骤、大致工作流程是需求分析、技术交流、设计、方案编制、预算。

1. 需求分析

需求分析是综合布线系统设计中最重要的工作，直接影响后续工作的开展。需求分析主要解决用户的基本需求和未来扩展需要。

在需求分析阶段，需要向用户索取建筑物及建筑群图纸。通过阅读建筑物及建筑群图纸，掌握建筑物的土建结构、弱电、强电、给排水分布情况；掌握建筑群之间管道分布情况。

通过阅读建筑物及建筑群图纸，分析每幢楼、每层楼甚至是每个房间的具体用途。确定建筑物的进线间、设备间、管理间的位置。

如果建筑物已经封顶，建议到现场勘察；如果建筑物没有封顶，在与用户充分交流沟通后，进行图纸作业。

如果综合布线系统工程是公开招标，则以响应招标文件中的技术指标和要求为准。

2. 技术交流

进行技术分析后，要与用户进行技术交流。不仅要同项目的技术负责人交流，还要与项目的负责人交流，充分了解用户需求以及未来可能的扩展。

交流过程中，重点了解工作区信息点类型、位置及数量；其次，必须了解其他安装工程，比如强电、空调、电梯、供气、供暖、供水等，以便规划线缆的水平及垂直路由，同时还必须了解为综合布线系统提供的电源、保护接地等情况。

每次技术交流完成后，整理技术交流书面记录，这些技术交流书面记录是设计的基本依据。

3. 设计

设计阶段主要完成信息点位置选择、线缆路由、所需设备材料选型等。设计结果一般以相应的表格或图纸形式出现。包括园区主干网拓扑图、楼宇内部拓扑图、楼宇内部布线图、楼宇内部施工图、信息点统计表、端口对应表、设备材料清单等。

4. 方案编制

需求分析及技术交流完成后，即可进行方案编制。技术方案的主要内容是对设计思路以及设计图纸的说明。施工方案主要是详细说明施工组织设计、工期、质量保证、安全、环境保护等。

5. 预算

方案编制完成后，就可以联合商务部门进行预算编制，确定综合布线系统工程的成本、预期利润及投标报价等。常见预算编制一般有两种方式，一种是根据国家（或地区）定额库进行编制，另外一种是根据综合布线系统行业默认方式进行编制。

任务实施

给定某一园区的综合布线图纸，包括场区图纸及楼宇内图纸，学生分组识图。具体步骤如下：

（1）看图例说明；

（2）查看外场区管道、线缆、人（手）孔；

（3）查看图纸有哪些不同的信息点类型；

（4）查看进线间、设备间、管理间的位置；

（5）查看水平布线方式在图纸中是如何标记的；

（6）查看垂直干线布线方式。

学习情境:楼宇内综合布线 工作任务:根据图纸勘查综合布线园区网络	班级			
	姓名		学号	
	日期		评分	

一、任务内容

依据教师给定图纸,了解园区综合布线网络,查看综合布线设施。

二、基本知识

1. 综合布线系统工程实施的大致步骤。

2. 综合布线系统工程设计的基本原则。

3. 技术方案一般包括的内容。

4. 施工方案一般包括的内容。

三、任务实施

1. 看图例说明;

2. 查看外场区管道、线缆、人(手)孔;

3. 查看图纸有哪些不同的信息点类型;

4. 查看进线间、设备间、管理间的位置;

5. 查看水平布线方式在图纸中是如何标记的;

6. 查看垂直干线布线方式。

四、任务小结

通过此任务的实施,各小组集中完成下述工作:

1. 你认为本次实训是否达到了预期目的?有哪些意见和建议?

2. 写出你看到的综合布线各个子系统的设备、材料。

工作任务二　工作区子系统设计与施工

任务概述

任务描述

(1)分组完成机电信息楼信息点类型及数量统计表。

(2)单独完成机电信息楼数据信息点的端口对应表。

(3)完成两个双口面板信息插座安装,信息模块线缆连接方式如图2-1所示。

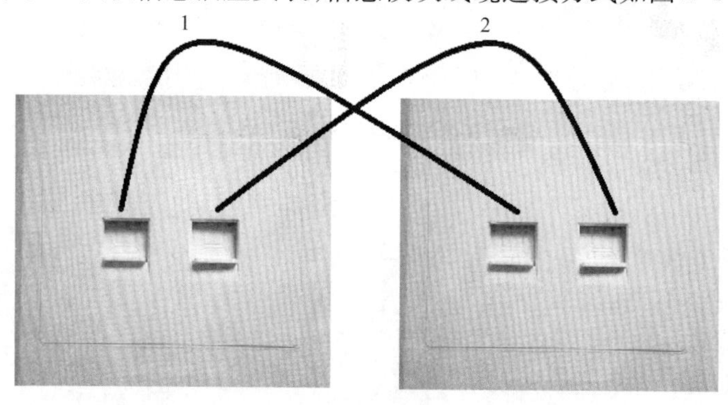

图2-1　工作区信息插座安装

任务要求

1. 应知应会

(1)通过本工作任务的学习与具体实施,学生应学会下列知识:

①熟悉工作区中常见的信息点类型;

②熟悉工作区的划分原则;

③熟悉工作区设计的一般原则和步骤。

(2)学生应该掌握下列技能:

①会安装工作区信息插座;

②会安装工作区终端设备;

③能对工作区信息插座和终端设备进行检修和维护。

2. 学习要求

(1)学生在上课前,应到本课程的网站预习本工作任务的相关教学内容;

(2)本课程采用理实一体化的模式组织教学,学生在学习过程中,要注重理论与实践的结合,提高自己的动手能力。

(3)每个工作任务学习结束后,学生应独立完成任务工作单的填写。

相关知识

1. 工作区

一个独立的需要设置终端设备(TE)的区域宜划分为一个工作区。工作区应由配线子系统的信息插座模块(TO)延伸到终端设备处的连接缆线及适配器组成。工作区域可支持电话机、数据终端、计算机、电视机、监视器以及传感器等终端设备。

2. 工作区的划分原则

按照《综合布线系统工程设计规范》(GB 50311—2007)的规定,工作区是一个独立的需要设置终端设备的区域。工作区应由配线(水平)布线系统的信息插座延伸到终端设备处的连接电缆及适配器组成。一个工作区的服务面积可按 5 ~ 10m^2 估算,也可按不同的应用环境调整面积的大小。

3. 工作区适配器的选用原则

按照《综合布线系统工程设计规范》(GB 50311—2007)的规定,工作区适配器的选用宜符合下列规定:

(1)设备的连接插座应与连接电缆的插头匹配,不同的插座与插头之间应加装适配器。

(2)在连接使用信号的数模转换,光、电转换,数据传输速率转换等相应的装置时,采用适配器。

(3)对于网络规程的兼容,采用协议转换适配器。

(4)各种不同的终端设备或适配器均安装在工作区的适当位置,并应考虑现场的电源与接地。

4. 工作区子系统设计

(1)工作区设计要点:

①信息插座设计在距离地面 30cm 以上(一般选择 30cm、110cm);

②信息插座如果连接高清摄像机,距离地面高度可根据摄像机的位置调整;

③信息插座与计算机设备的距离保持在 5m 范围内;

④设备接口类型要与线缆接口类型保持一致;

⑤所有工作区所需的信息模块、信息插座、面板的数量要准确。

(2)工作区设计原则。

①工作区子系统设计的步骤一般为:

a. 与用户进行充分的技术交流和了解建筑物用途,然后要认真阅读建筑物设计图纸;

b. 进行规划和设计。

②一般工作流程如下:需求分析→技术交流→确定信息点的数量及类型→图纸设计。

a. 需求分析。需求分析主要掌握用户的当前用途和未来扩展需要,目的是把设计对象归类,按照写字楼、宾馆、综合办公室、生产车间、会议室、商场等类别进行归类,为后续设计确定方向和重点。

b. 技术交流。在进行需求分析后,要与用户进行技术交流,这是非常必要的。不仅要与技术负责人交流,也要与项目或者行政负责人进行交流,进一步充分和广泛地了解用户的需求,特别是未来的发展需求。在交流中应重点了解每个房间或者工作区的用途、工作区域、工作台位置、工作台尺寸、设备安装位置等详细信息。在交流过程中必须进行详细的书面记录,每次交流结束后要及时整理书面记录,这些书面记录是设计的重要依据。

c. 阅读建筑物图纸。随着《综合布线系统工程设计规范》(GB 50311—2007)的正式实施,2007 年 10 月 1 日起新建筑物必须设计网络综合布线系统,因此,建筑物的原始设计图纸中应有完整的初步设计方案和网络系统图。索取和认真阅读建筑物设计图纸是不能省略的程序,通过阅读建筑物图纸可以掌握建筑物的土建结构、强电路径、弱电路径,特别是主要电气设备和电源插座的安装位置,重点掌握在综合布线路径上的电气设备、电源插座、暗埋管线等。

当土建工程已经开始或者封顶时，必须到现场实际勘测，并且与设计图纸对比。新建建筑物的信息点底盒必须暗埋在建筑物的墙面，一般使用金属底盒，很少使用塑料底盒。

当旧楼增加网络综合布线系统时，设计人员必须到现场勘察，根据现场使用情况具体设计信息插座的位置、数量。旧楼增加信息插座一般多为明装 86 系列插座。

d. 确定工作区信息点的数量及类型：

ⓐ根据用户需求，确定所有工作区信息点的数量及其类型，并编制相应的表格统计这些数据。编制的样表如表 2-1 所示。

信息点统计表 表 2-1

项目名称：×××弱电项目　建筑物名称：机电楼　文件编号：RDSJ001						
楼层号	位置	网络	电话	电视	视频监控	备注
一楼	101	2	1	1	0	
	102	2	1	1	0	
	103	1	1	1	0	
	走廊	0	0	0	3	
一楼小计		5	3	3	3	
二楼	201	2	1	0	0	
	202	2	1	0	0	
	203	3	1	0	0	
二楼小计		7	3	0	0	
总计		12	6	3	3	

编制：　　审核：　　××××公司　××年××月××日

ⓑ为工作区信息进行命名。工作区信息点命名和编号是非常重要的一项工作，命名首先必须准确表达信息点的位置或者用途，要与工作区的名称相对应，这个名称从项目设计开始到竣工验收及后续维护最好一致。如果出现项目投入使用后用户改变了工作区名称或者编号的情况，必须及时制作名称变更对应表，作为竣工资料保存。

将所有工作区中的信息点进行命名，并编制相应表格，编号编制格式如图 2-2 所示。信息点命名表还将用于设备间及管理间配线端接。

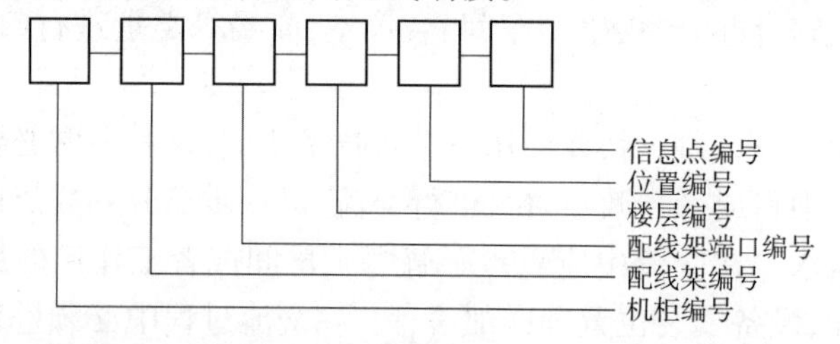

信息点编号：从进门左手边开始，顺时针方向开始编号；编号格式如1~9，01~99
位置编号：描述信息的位置，或者是所属房间
楼层编号：编号格式如1~9,01~99
配线架端口编号：一般24口配线架为01~24,8口配线架为1~8
配线架编号：从上至下进行编号，例如：1~9,09~42
机柜编号：mFDn或mBDn,其中FD表示管理间，BD表示设备间，m表示它们所属楼层，n表示其中的机柜编号（一般以进门第一个开始，顺时针编号，例如：1~9,01~99）

图 2-2　编号格式

需要注意的是，闭路电视信息点一般不编入此信息点命名表，设计时需另外编制相应的

表格。如果闭路电视监控采用的是模拟信号传输(即采用同轴电缆传输),一般也不编入此信息点命名表,设计时也需另外编制相应的表格;若采用的是数字信号传输,则可以编入此表,但建议不与普通的信息点放入同一配线架。

以表2-1显示的数据为例,编制的端口对应样表如表2-2所示,其中的信息点编号、机柜编号、配线架编号、配线架端口编号需要在管理间子系统设计时填写。

端口对应表 表2-2

项目名称:×××项目　建筑物名称:机电楼　楼层:二层　2FD1机柜　文件编号:RDSJ002								
序号	信息点编号	机柜编号	配线架编号	配线架端口编号	楼层编号	位置编号	信息点编号	备注
1					1	101	1	
2					1	101	2	
3					1	101	3	
4					1	102	1	
5					1	102	2	
6					1	103	1	
7					2	201	1	
8					2	201	2	
9					2	202	1	
10					2	202	2	
11					2	203	1	
12					2	203	2	
13					2	203	3	
14					1	1LD	1	视频监控:1楼走廊东边
15					1	1LX	2	视频监控:1楼走廊西边
16					1	1LZM	3	视频监控:1楼正门

编制:　　　　审核:　　　　××××公司　××年××月××日

ⓒ统计出所有工作区所需底盒、面板、模块及所需设备的数量,并编制相应的表格。编制预算表及投标所用数据均来源于此,此处的数据一定要准确无误。编制的样表如表2-3所示。其他子系统待设计完成后逐一填写,其中的型号或规格选项,根据用户的需求完成设备选型后再填写。

e.图纸设计。综合布线系统工作区信息点的图纸设计是综合布线系统设计的基础工作,直接影响工程造价和施工难度,对于大型工程也直接影响工期,因此工作区子系统信息点的设计工作非常重要。

在一般综合布线工程设计中,不会单独设计工作区信息点布局图,而是将其综合在综合布线系统图纸中。

信息点安装位置的选定:

ⓐ信息点的安装位置宜以工作台为中心进行设计,如果工作台靠墙布置时,信息点插座一般设计在工作台侧面的墙面,通过网络跳线直接与工作台上的电脑连接;

ⓑ如果工作台布置在房间的中间位置或者没有靠墙时,信息点插座一般设计在工作台

下面的地面，通过网络跳线直接与工作台上的电脑连接；

ⓒ如果是集中或者开放办公区域，信息点的设计应该以每个工位的工作台和隔断为中心，将信息插座安装在地面或者隔断上；

ⓓ在大门入口或者重要办公室门口宜设计门禁系统信息点插座；

ⓔ在监控摄像机的安装位置宜设计信息点插座；

ⓕ在公司入口或者门厅宜设计指纹考勤机、电子屏幕使用的信息点插座；

ⓖ在会议室主席台、发言席、投影机位置宜设计信息点插座；

ⓗ在各种大卖场的收银区、管理区、出入口宜设计信息点插座。

设备、材料数量统计表 表 2-3

项目名称：×××项目　建筑物名称：机电楼　文件编号：RDSJ003					
序号	名称	型号或规格	单位	数量	备注
工作区子系统					
1	底盒		个	13	
2	超五类非屏蔽模块		个	16	
3	单口网络面板		块	3	
4	双口网络面板		块	10	
5	摄像机		台	3	
水平子系统					
1					
管理间子系统					
1					
垂直干线子系统					
1					
设备间子系统					
1					
建筑群子系统					
1					

编制：　　　　审核：　　　　××××公司　××年××月××日

5. 工作区常用配件

工作区常用的底盒、插座面板及适配器如表 2-4 所示。

插座面板及适配器 表 2-4

外　观	名称	外　观	名称
	86 型暗装底盒		120 型金属暗装底盒

续上表

外　观	名称	外　观	名　称
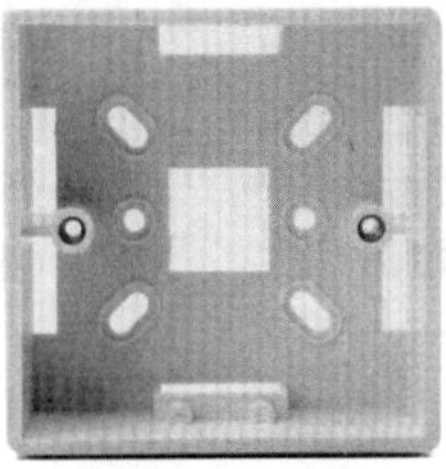	86 型明装底盒	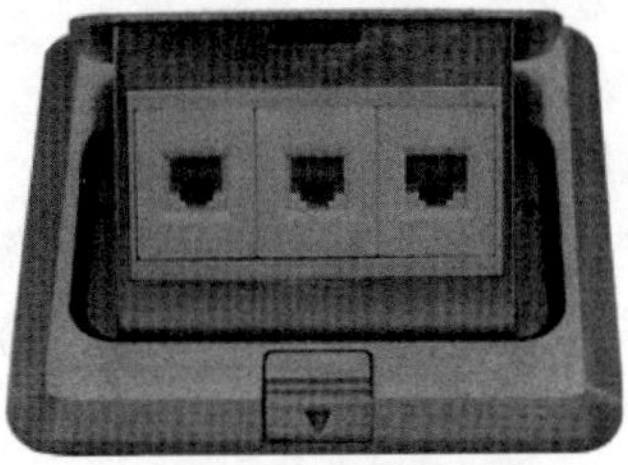	120 型地板插座
	86 型金属暗装底盒		86 型 RJ45 单口网络面板
	86 型单口有线电视面板		86 型双口信息插座面板
	86 型双口信息插座面板		86 型三口光纤面板
	RJ11 模块		光电转换器
	超五类非屏蔽 RJ45 模块		

6. 施工

工作施工主要包括底盒的预埋、模块的配线端接以及终端设备的安装。在施工过程中要注意以下几个方面：

(1)底盒安装：

①确保所有底盒都是完好无损的；

②预埋底盒后，做好成品保护，防止水泥砂浆灌入底盒或是线管。

(2)模块安装。模块安装的步骤是：准备材料和工具，清理和标记，端接模块。

(3)面板安装：

①在面板安装前，准备一些长螺钉，避免因为有些底盒安装较深，原配螺钉长度不够造成工作效率降低；

②面板安装后，按照端口对应表，对面板进行标记。

任务实施

一、根据用户需求确定机电楼的信息点数量、类型并编制相应的表格

任务的实施步骤如下：

(1)到现场考察。

(2)详细记录用户需求，合理分配工作区的位置。

(3)统计信息点的数量及类型，并编制相应表格，如表 2-1 所示。

(4)为信息点进行命名，并编制相应表格，如表 2-2 所示。

(5)统计设备、材料数量，并编制相应表格，如表 2-3 所示。

二、实地(或实训室)进行工作区信息插座安装

任务的实施步骤如下：

(1)根据设备材料统计表(需另附表)，申请设备材料。

(2)工具准备，如图 2-3 所示。

(3)安装底盒。

(4)安装模块。

(5)安装面板。

(6)面板标签。

剪刀

打线刀

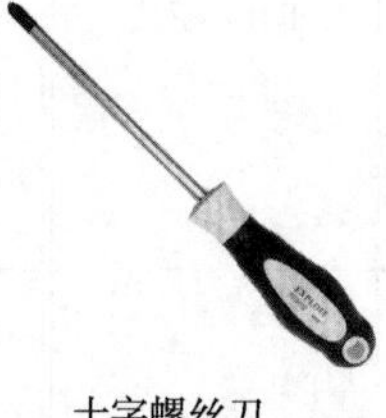

十字螺丝刀

手持标签打印机

图 2-3 工具

三、监控摄像机的安装与调试

任务的实施步骤如下：

(1)根据设备材料统计表(需另附表),申请设备材料。
(2)工具准备,如图 2-4 所示;
(3)安装摄像机支架。
(4)安装摄像机。
(5)摄像机调试。

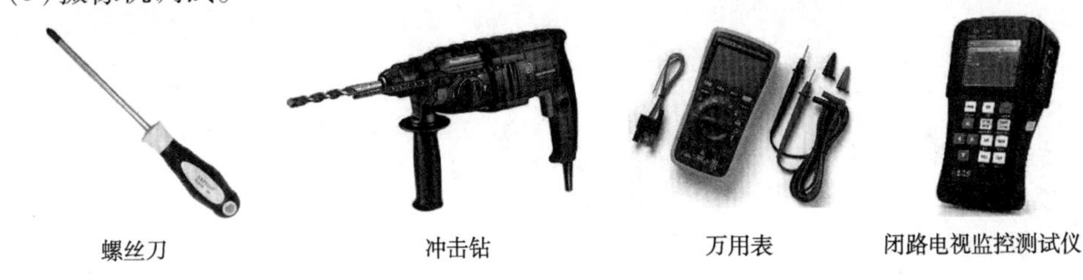

螺丝刀　冲击钻　万用表　闭路电视监控测试仪

图 2-4　工具

任务工作单

任 务 工 作 单 一

<table>
<tr><td rowspan="3">学习情境:楼宇内综合布线
工作任务:统计机电楼信息点数量及类型</td><td>班级</td><td colspan="3"></td></tr>
<tr><td>姓名</td><td></td><td>学号</td><td></td></tr>
<tr><td>日期</td><td></td><td>评分</td><td></td></tr>
<tr><td colspan="5">一、任务内容
根据用户需求,统计机电信息楼信息点数量及类型,并编制相应表格。
二、基本知识
1. 工作区子系统划分原则;
2. 工作区子系统设计要点;
3. 工作区子系统设计原则。
三、任务实施
1. 到现场考察(或进行图纸作业);
2. 详细记录用户需求,合理分配工作区的位置;
3. 统计信息点的数量及类型,并编制相应表格(需另附表);
4. 为信息点进行命名,并编制相应表格(需另附表);
5. 统计设备、材料数量,并编制相应表格(需另附表)。
四、任务小结
通过此任务的实施,各小组集中完成下述工作:
1. 你认为本次实训是否达到了预期目的? 有哪些意见和建议?

2. 工作区中常见终端设备有哪些?

</td></tr>
</table>

任务工作单二

<table>
<tr><td rowspan="3">学习情境:楼宇内综合布线
工作任务:工作区信息插座的安装</td><td>班级</td><td colspan="3"></td></tr>
<tr><td>姓名</td><td></td><td>学号</td><td></td></tr>
<tr><td>日期</td><td></td><td>评分</td><td></td></tr>
</table>

一、任务内容

在实训墙上安装信息插座,每人安装2个。

二、基本知识

1. 插座底盒的安装方法及要点。
2. 信息模块配线方法。
3. 信息面板安装需要准备的工具。

三、任务实施

1. 根据所需设备材料,编制设备材料统计表(需另附表);
2. 根据设备材料统计表,申请设备材料;
3. 工具准备;
4. 安装底盒;
5. 安装模块;
6. 安装面板;
7. 面板标签。

四、任务小结

通过此任务的实施,各小组集中完成下述工作:

1. 你认为本次实训是否达到了预期目的?有哪些意见和建议?

2. 信息模块配线端接需要注意哪些事项?

任务工作单三

<table>
<tr><td rowspan="3">学习情境:楼宇内综合布线
工作任务:监控摄像机的安装与调试</td><td>班级</td><td colspan="3"></td></tr>
<tr><td>姓名</td><td></td><td>学号</td><td></td></tr>
<tr><td>日期</td><td></td><td>评分</td><td></td></tr>
</table>

一、任务内容

监控摄像机的安装与调试。

二、基本知识

1. 同轴电缆 BNC 头制作方法;

2. 闭路电视监控测试仪的使用方法;

3. 安装摄像机时,冲击钻的作用;

4. 在安装摄像机时,需要注意的安全事项有哪些[分别从工具使用、用电安全、人字梯(脚手架)等方面阐述]?

三、任务实施

1. 根据所需设备材料,编制设备材料统计表(需另附表);

2. 根据设备材料统计表,申请设备材料;

3. 工具准备;

4. 安装摄像机支架;

5. 安装摄像机;

6. 摄像机调试。

四、任务小结

通过此任务的实施,各小组集中完成下述工作:

1. 你认为本次实训是否达到了预期目的?有哪些意见和建议?

2. 摄像机是如何供电的?

工作任务三　水平子系统设计与施工

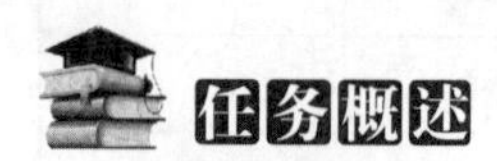

任务描述

(1)分组估算机电信息楼水平线缆(CAT5e)的使用量。

(2)请单独估算你所在宿舍水平线缆(CAT5e)的使用量。

(3)请分组完成如图2-5所示的信息插座及线槽安装,均采用双口面板。

(4)参照图2-5,使用ϕ20PVC线管布线完成布线。

(5)在课程网站下载学生宿舍的CAD建筑图纸,请单独完成水平线缆路由规划。

图2-5　明装线槽布线

任务要求

1.应知应会

(1)通过本工作任务的学习与具体实施,学生应学会下列知识:

①熟悉水平子系统的划分;

②会计算水平子系统的用线量;

③会选择合适的线管、线槽、桥架;

④根据用户需求,选择合适的线管、线槽、桥架的安装方式;

⑤熟悉水平子系统设计的一般原则和步骤。

(2)学生应该掌握下列技能:

①掌握水平系统的线管、线槽敷设;

②掌握桥架的支臂安装方式;

③掌握桥架的吊装安装方式;

④掌握水平子系统中线缆、线管、线槽、桥架的检修和维护。

2.学习要求

(1)学生在上课前,应到本课程的网站中预习本工作任务的相关教学内容;

(2)本课程采用理实一体化的模式组织教学,学生在学习过程中,要注重理论与实践的结合,提高自己的动手能力;

(3)每个工作任务学习结束过程后,学生应独立完成任务工作单的填写。

相关知识

一、水平子系统

水平子系统实现了管理间设备与信息插座的连接,包括工作区与管理间之间所有的电缆及相关的配件。在水平系统中涉及光纤、光缆的相关内容,请参阅情境三光纤配线端接部分。水平子系统常见的配件如表2-5所示。

水平子系统常见线缆及配件　　表 2-5

外　观	名　称	作　用
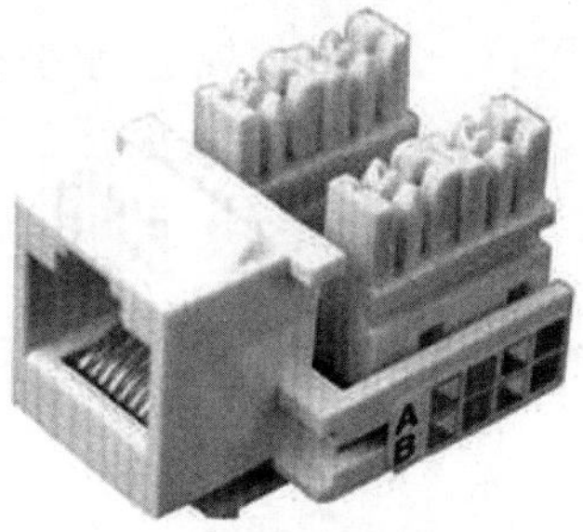	超五类模块	用于配线端接
	超五类屏蔽模块	用于配线端接
	超五类屏蔽网线	用于信号传输 305m/箱
	六类屏蔽网线	用于信号传输 305m/箱
	超五类非屏蔽网线	用于信号传输 305m/箱
	六类非屏蔽网线	用于信号传输 305m/箱

二、水平子系统布线路由的选择

1. 水平子系统缆线的布线距离

按照国家标准《综合布线系统工程设计规范》(GB 50311—2007)的规定,水平子系统属于配线子系统中,对于缆线的长度做了统一规定,配线子系统各缆线长度应符合图2-6的划分。

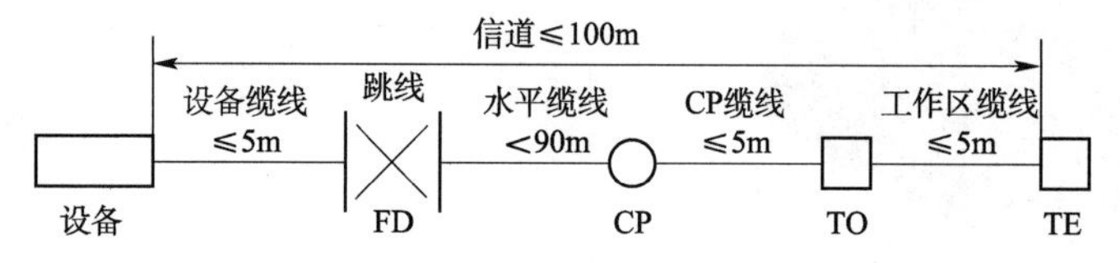

图2-6 信道各部线缆长度

配线子系统信道的最大长度不应大于100m。其中水平缆线长度不大于90m,一端工作区设备连接跳线不大于5m,另一端管理间(管理间)的跳线不大于5m,如果两端的跳线之和大于10m时,水平缆线长度(90m)应适当减少,保证配线子系统信道最大长度不应大于100m。

如果水平布线是采用光缆,则应该符合图2-7中的构成。

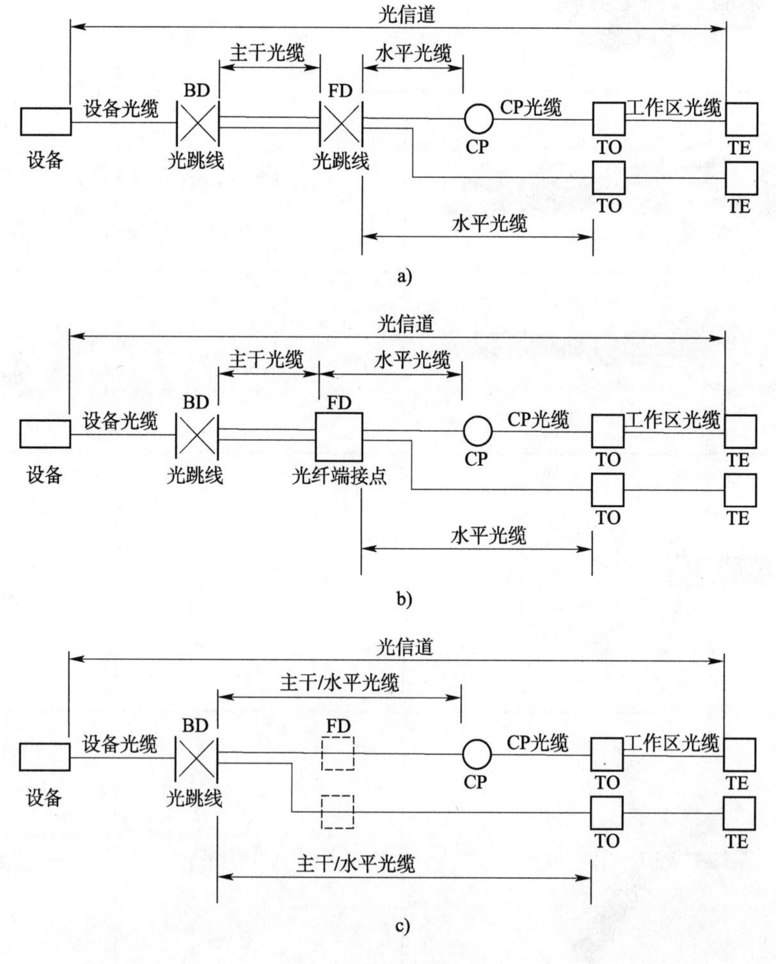

图2-7 光纤信道构成

2. 线缆布线通道的选择

水平布线通道有 3 种，分别是墙内暗敷 PVC（金属）线管、墙外明装 PVC（金属）线槽、金属桥架。这些器材及配件如表 2-6 所示。

水平布线通道　　表 2-6

线管、线槽及配件		
外观	名称	规格
	PVC 线槽	常用规格 20mm × 10mm 39mm × 19mm 50mm × 25mm 60mm × 30mm 75mm × 50mm 80mm × 50mm 100mm × 50mm
	PVC 线槽配件	与 PVC 线槽型号相匹配
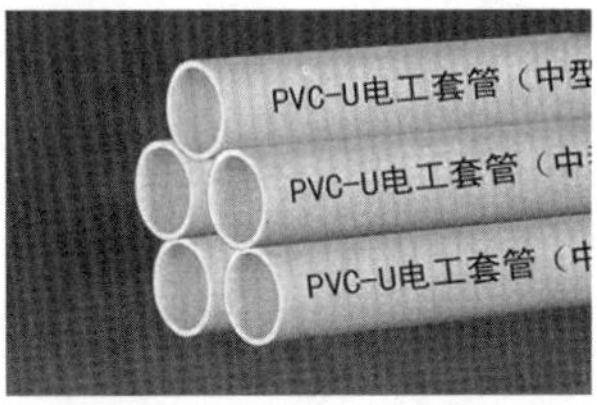	PVC 线管	常用规格 $\phi16$ $\phi20$ $\phi25$
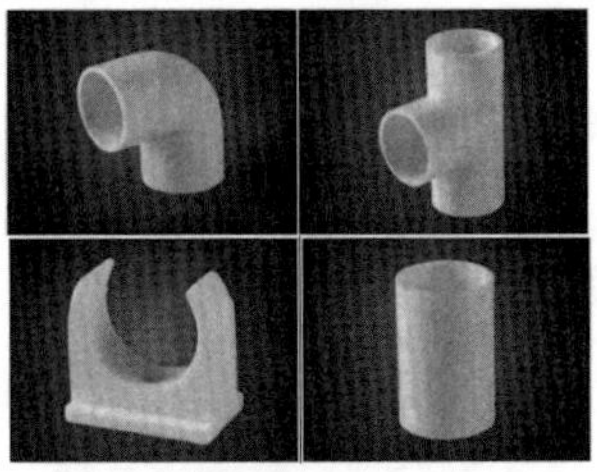	PVC 线管配件	与 PVC 线管型号相匹配
	金属线管	常用规格 $\phi16$ $\phi25$

续上表

桥架及配件		
外观	名称	规格
	金属桥架	常见颜色 灰色、军绿色，其他颜色可以定制 常见规格 150mm×75mm 200mm×100mm 300mm×150mm
	桥架盖扣	
	桥架接地跨接线	
	桥架专用 M8 螺钉、螺栓	
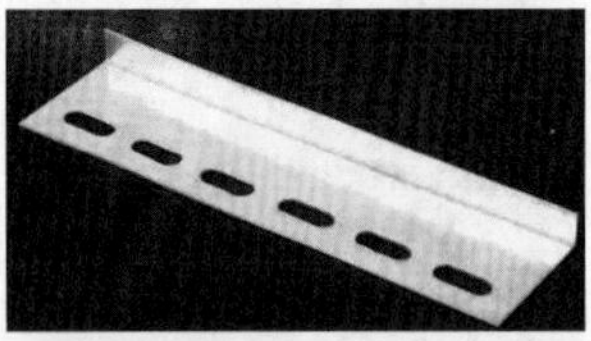	桥架连接片	
	水平安装托臂	

续上表

桥架及配件		
外观	名称	规格
	水平吊装螺杆	
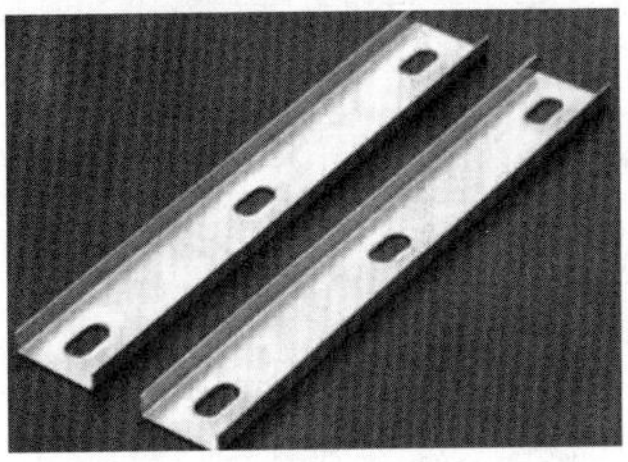	桥架吊装横担	
	桥架吊装吊框	用于规格较小的桥架
	水平托臂安装方式	
	水平吊装方式	

桥架的其他连接配件，如三通、堵头、90°直角弯等，如图 2-8 所示。

选择布线通道时，一般要注意以下几点：

(1)砖砌墙面，在墙体完工后，开槽敷设线管。

(2)混凝土浇筑的承重柱、楼板、墙面，在混凝土浇筑时选择埋设金属管、金属底盒，敷设时注意连接处、底盒的保护，避免让混凝土泥浆进入金属管和底盒，造成后期无法正常施工。

(3)吊顶内敷设时，要注意工作流程，要在吊顶未开工之前，完成布线通道及线缆敷设。

(4)在绘制图纸时，请选择标准用语。FC(地板下敷设)、WC(墙内敷设)、ACC(吊顶内暗敷设)。例如 2 × UTP CAT6-PVC20-WC/ACC，表示 2 根非屏蔽 6 类网线通过 ϕ20PVC 管经墙内走吊顶内敷设。

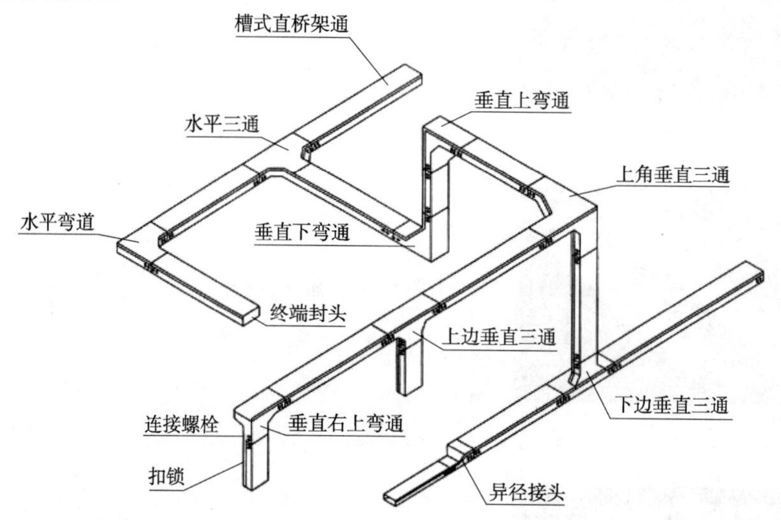

图 2-8　桥架配件连接图

3. 线缆总长度估算

为了估算线缆总长度，在这里提供了一个简单的计算公式，某一层楼的用线总量 L。

$$L = \left(\frac{F + N}{2} + 6\right) \times M$$

式中：L——一层楼的用线总量；

F——最远信息点距离楼层管理间的距离；

N——最近信息点距离楼层管理间的位置；

6——端对容差(配线、布线转角弯曲等损耗)；

M——楼层信息点数量。

对于某幢楼的，用线量为所有楼层的用线量总和。

此公式在计算的时，只有当所有线缆长度成等差数列分布的时候，计算才比较准确。为了更好的使用此公式，取中间点即是$(F + N)/2$，看看中间点左右分布的信息点的数量是否相近。如果接近 F 端信息点数量较多，需将$(F + N)/2$ 的值替换为一个较大的值，使得中间点左右分布的信息点数量接近或相同；如果接近 N 端信息点数量较多，需将$(F + N)/2$ 的值替换为一个较小的值，使得中间点左右分布的信息点数量接近或相同。

4. 管槽布线与弯曲半径

弯曲半径影响综合布线系统的信号的传输。布线中如果不能满足最低弯曲半径的要求，对线缆的传输性能会有直接影响，甚至是损坏线缆。注意，当缆线采用电缆桥架布放时，桥架内侧的弯曲半径不应小于 300mm，如表 2-7 所示。

弯曲半径　　表2-7

缆线类型	弯曲半径(mm)/倍	缆线类型	弯曲半径(mm)/倍
2芯或4芯水平光缆	>25mm	4对屏蔽电缆	不小于电缆外径的8倍
其他芯数和主干光缆	不小于光缆外径的10倍	大对数主干电缆	不小于电缆外径的10倍
4对非屏蔽电缆	不小于电缆外径的4倍	室外光缆、电缆	不小于缆线外径的10倍

对于不符合弯曲半径要求的线管或线槽配件，坚决不允许使用。一般来说较小管径的三通、直角弯头等，都不符合弯曲半径的要求。为了解决这个问题，在施工过程中必须手工弯管，常见的弯管工具，如表2-8所示。

弯管工具　　表2-8

PVC管弯管工具	金属管弯管工具

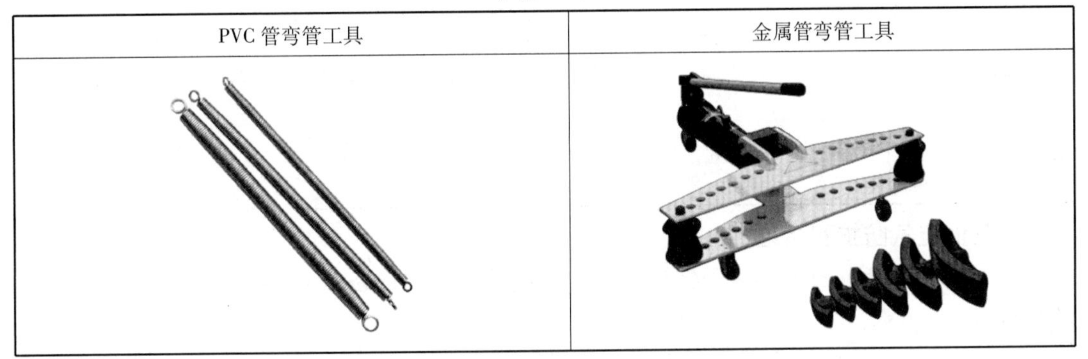

金属管槽在加工时，注意不要产生毛边、毛刺等，以免在布线时损伤线缆。

5. 管槽截面利用率

对于线缆在管槽中的敷设，必须了解管槽能敷设多少根线缆，即是管槽截面利用率的大小。

缆线布放在管与线槽内的管径与截面利用率，应根据不同类型的缆线做不同的选择。管内穿放大对数电缆或4芯以上光缆时，直线管路的管径利用率应为50%～60%，弯管路的管径利用率应为40%～50%。管内穿放4对对绞电缆或4芯光缆时，截面利用率应为25%～35%。布放缆线在线槽内的截面利用率应为30%～50%。

6. 综合布线线缆与其他安装设备的间距

综合布线的线缆为了避免其他安装设备的影响，一般要保持与其他安装设备的间距，其中主要涉及电气设备、电气线缆等，如表2-9～表2-11所示。

综合布线电缆与电力电缆的间距　　表2-9

类　别	与综合布线接近状况	最小间距(mm)
380V电力电缆 <2kV·A	与缆线平行敷设	130
	有一方在接地的金属线槽或钢管中	70
	双方都在接地的金属线槽或钢管中①	10①
380V电力电缆 2～5kV·A	与缆线平行敷设	300
	有一方在接地的金属线槽或钢管中	150
	双方都在接地的金属线槽或钢管中②	80
380V电力电缆 >5kV·A	与缆线平行敷设	600
	有一方在接地的金属线槽或钢管中	300
	双方都在接地的金属线槽或钢管中②	150

注：①当380V电力电缆<2kV·A，双方都在接地的线槽中，且平行长度≤10m时，最小间距可为10mm。

②双方都在接地的线槽中，系指两个不同的线槽，也可在同一线槽中用金属板隔开。

综合布线缆线与电气设备的最小净距 表 2-10

名　　称	最小净距(m)	名　　称	最小净距(m)
配电箱	1	电梯机房	2
变电室	2	空调机房	2

综合布线缆线及管线与其他管线的间距 表 2-11

其他管线	平行净距(mm)	垂直交叉净距(mm)
避雷引下线	1000	300
保护地线	50	20
给水管	150	20
压缩空气管	150	20
热力管(不包封)	500	500
热力管(包封)	300	300
煤气管	300	20

7. 其他电气防护和接地

综合布线系统应根据环境条件选用相应的缆线和配线设备,或采取防护措施,并应符合下列规定:

(1)当综合布线区域内存在的电磁干扰场强低于3V/m时,宜采用非屏蔽电缆和非屏蔽配线设备。

(2)当综合布线区域内存在的电磁干扰场强高于3V/m时,或用户对电磁兼容性有较高要求时,可采用屏蔽布线系统和光缆布线系统。

(3)当综合布线路由上存在干扰源,且不能满足最小净距要求时,宜采用金属管线进行屏蔽,或采用屏蔽布线系统及光缆布线系统。

(4)在管理间、设备间及进线间应设置楼层或局部等电位接地端子板。

(5)综合布线系统应采用共用接地的接地系统,如单独设置接地体时,接地电阻不应大于4Ω。如布线系统的接地系统中存在两个不同的接地体时,其接地电位差不应大于1V。

(6)楼层安装的各个配线柜(架、箱)应采用适当截面的绝缘铜导线单独布线至就近的等电位接地装置,也可采用竖井内等电位接地铜排引到建筑物共用接地装置,铜导线的截面应符合设计要求。

(7)缆线在雷电防护区交界处,屏蔽电缆屏蔽层的两端应做等电位连接并接地。

(8)综合布线的电缆采用金属线槽或钢管敷设时,线槽或钢管应保持连续的电气连接,并应有不少于两点的良好接地。

(9)当缆线从建筑物外面进入建筑物时,电缆和光缆的金属护套或金属件应在入口处就近与等电位接地端子板连接。

(10)当电缆从建筑物外面进入建筑物时,应选用适配的信号线路浪涌保护器,信号线路浪涌保护器应符合设计要求。

三、水平系统设计

1. 水平系统设计原则

(1)与用户进行充分的技术交流和了解建筑物用途。

(2)要认真阅读建筑物设计图纸。

(3)进行规划和设计。

2. 水平子系统设计工作流程

水平子系统设计一般工作流程如下:需求分析→技术交流→统计布线中使用的设备和材料→图纸设计。

(1)需求分析

水平子系统的需求分析是整个布线系统中最重要的部分,也是施工时间最长的部分。做好水平子系统的需求分析,对整个项目意义最为重大。

根据工作区子系统的设计结果,对水平系统子系统中的布线距离、布线路径等进行设计,逐一明确每个工作区信息点的布线距离和路径。

(2)技术交流

在技术交流阶段主要是与业主、其他安装工程、装饰装修工程的负责人进行沟通,确认施工工序以及线缆路由。

在技术交流的过程中,充分考虑用户的实际需求,对于旧楼改造,或者是有移动办公需求的优先可以考虑无线接入。

(3)统计布线中使用的设备和材料

统计和计算布线中使用的设备和材料的类别和数量,并登记在图 2-4 所示的设备、材料登记表中。

在统计和计算布线中使用的设备和材料时,不要漏选漏算,特别是一些拐角连接件。将配线架端口号与信息点一一对应。继续完成端口对应表,如图 2-2 所示。

(4)图纸设计

根据信息点类型、路径规划,完成图纸设计。在图纸的过程中,请注意图例、线缆敷设方式的描述。同时在图纸设计时要使用规范和标准的文字。

四、施工

水平子系统施工要注意下面几个方面的问题。

1. 暗敷线管

(1)管槽的深度要合适,不要太浅。浅槽可能无法被水泥砂浆封住。

(2)线管敷设后,使用水泥钉将线管固定,避免水泥砂浆被线管弹力崩落。

(3)PVC 线管结合部要紧密,最好使用电工胶布缠住,避免松动。

(4)金属线管切割处要打磨平滑,避免损伤线缆。

(5)金属线管焊接部不要完全焊透,避免线管内部有焊渣出现损伤线缆。

2. 线槽敷设

(1)线槽固定件应每 1.5 ~ 2m 使用一组,在线槽末端使用一组。

(2)水平线槽敷设应该在一条水平直线上,可以使用水平尺、墨斗等辅助工具。

(3)线槽连接处应该整齐,盖板不留接缝。

(4)水平线槽尾部应使用堵头。

(5)水平线槽拐角处应使用阳角或者是阴角,若人工处理,应不留接缝。

(6)金属线槽切割处要打磨平滑,避免损伤线缆。

3. 桥架敷设

（1）托臂及吊杆应该是每1.5～2m使用一组。

（2）托臂桥架安装应在同一水平线上，可以使用水平尺、墨斗等辅助工具。

（3）吊装桥架应在同一水平线上，可以施工水平尺、直尺等辅助工具。

（4）吊装桥架应在同一直线上，不能出现明显的S型，吊装螺杆的安装可以使用墨斗等辅助工具。

（5）桥架爬坡、拐弯均要使用相关的配件，不建议手工加工。

（6）桥架的跨接接地铜缆要结合紧密。

（7）桥架两端应使用封头。

（8）桥架进入管理间时，应与管理间等电位接地端子相连。

（9）桥架切割处应打磨光滑，避免损伤线缆。

4. 线缆敷设

（1）线缆应根据端口对应表对线缆两端进行标记。

（2）在工作区底盒中预留线缆长度一般为15～20cm，不应过长，避免浪费。

（3）在管理间预留线缆长度一般从机柜进口算起，线缆长度 L =（机柜长＋机柜宽＋机柜高＋2m）。其中2m是预留量，长宽高是理线配线用量。

（4）在线缆敷设过程中，不能过大用力拉线，避免破坏线缆结构甚至是损坏线缆；不能快速拉线，避免线缆打折。正确的方法是合适的力度匀速扯动线缆。

（5）在桥架内敷设线缆，一般选择1.5～2m位置，对线缆进行绑扎；也可使用桥架理线器对线缆进行整理。

（6）线缆由桥架、明槽引入到墙内暗敷时，线缆外漏的部分需要用金属软管或者是塑料软管套接。

任务实施

1. 完成相应的表格填写

根据工作任务二中的机电楼信息点统计表，统计机电楼水平子系统所用的设备材料，并完成相应表格的填写。具体步骤如下：

（1）到现场勘查（或进行图纸作业）。

（2）根据实际情况，编写设备材料统计表。

2. PVC管敷设水平线缆（实训台模拟）

PVC管敷设水平线缆具体步骤如下：

（1）设计布线路径。

（2）编写设备材料统计表。

（3）编写端口对应表。

（4）图纸绘制。

（5）根据设备材料统计表，申请设备材料。

（6）工具准备，如表2-12所示。

（7）PVC管敷设。

（8）线缆标记。

（9）线缆敷设。

工 具 表 2-12

<table>
<tr><td colspan="2">线管处理工具</td></tr>
<tr><td>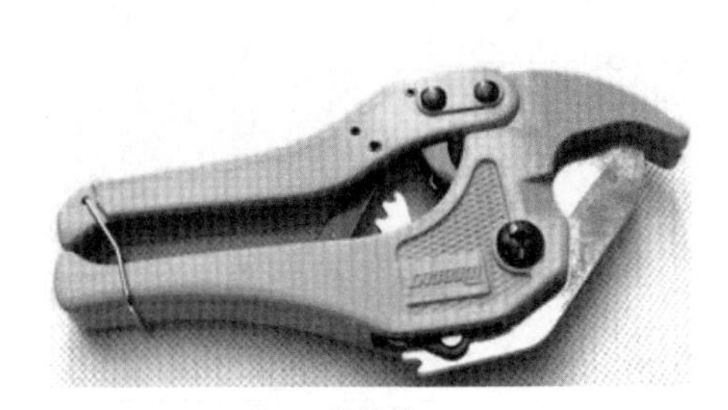
线管剪</td><td>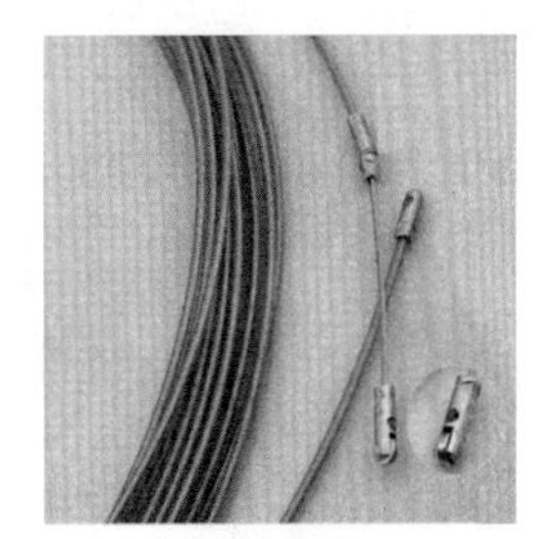
线管穿线器</td></tr>
<tr><td>
PVC 弯管器</td><td>
卷尺</td></tr>
<tr><td colspan="2">线缆处理工具</td></tr>
<tr><td>
剪刀</td><td>
手持标签打印机</td></tr>
</table>

3. PVC 线槽敷设水平线缆(实训台模拟)

PVC 槽敷设水平线缆具体步骤如下:

(1)设计布线路径。

(2)编写设备材料统计表。

(3)编写端口对应表。

(4)图纸绘制。

(5)根据设备材料统计表,申请设备材料。

(6)工具准备,如表 2-13 所示。

(7)PVC 线槽敷设。

(8)线缆标记。

(9)线缆敷设。

工　具　　　　表2-13

4. 水平桥架敷设水平线缆(实训台模拟)

水平桥架敷设水平线缆具体步骤如下:

(1)设计布线路径。

(2)编写设备材料统计表。

(3)编写端口对应表。

(4)图纸绘制。

(5)根据设备材料统计表,申请设备材料。

(6)工具准备,如表2-14所示。

(7)桥架安装。

(8)线缆标记。

(9)线缆敷设。

工　具　　表 2-14

续上表

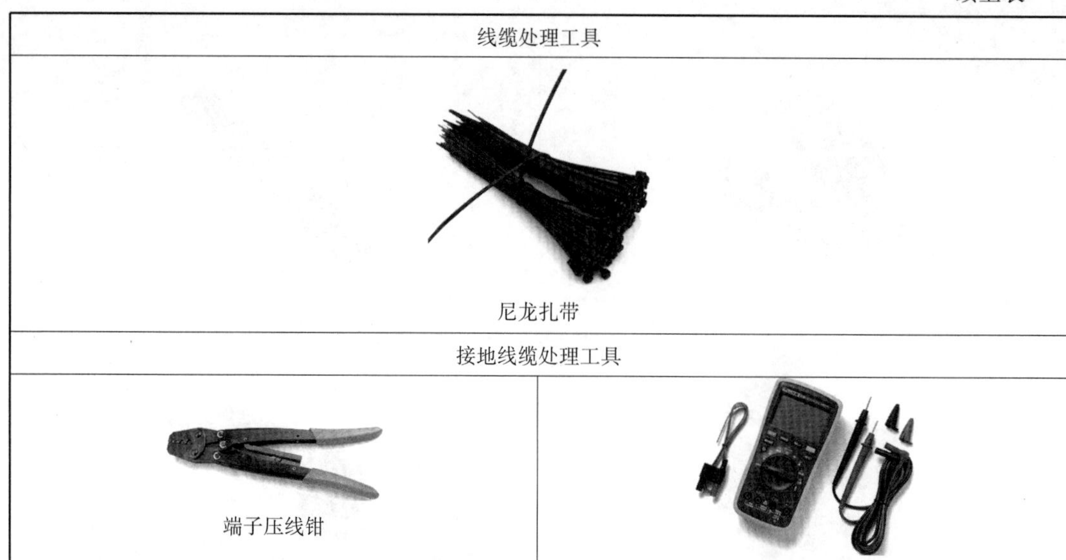

线缆处理工具	
尼龙扎带	
接地线缆处理工具	
端子压线钳	数字万用表

任务工作单

任务工作单一

学习情境:楼宇内综合布线 工作任务:统计水平子系统所用设备材料	班级			
	姓名		学号	
	日期		评分	

一、任务内容

工作任务二中的机电楼信息点统计表,统计机电楼水平子系统所用设备材料,并编制相应表格。

二、基本知识

1. 水平子系统设计要点;

2. 水平子系统设计原则;

3. 估算水平线缆总长度的公式是________________。如何确保估算长度是准确的?

三、任务实施

1. 到现场勘查(或进行图纸作业);

2. 根据实际情况,编写设备材料统计表(需另附表)。

四、任务小结

通过此任务的实施,各小组集中完成下述工作:

1. 你认为本次实训是否达到预期目的,有哪些意见和建议?

2. 水平子系统暗敷线管你是如何统计的?

任务工作单二

<table>
<tr><td rowspan="3">学习情境:楼宇内综合布线
工作任务:PVC 管敷设水平线缆</td><td>班级</td><td colspan="3"></td></tr>
<tr><td>姓名</td><td></td><td>学号</td><td></td></tr>
<tr><td>日期</td><td></td><td>评分</td><td></td></tr>
</table>

一、任务内容

使用 PVC 管敷设水平线缆,每组敷设 10 个信息点的水平线缆。

二、基本知识

1. 弯管器的使用方法;

2. 穿线器的使用方法。

3. 线管剪使用时,需要注意的安全事项有哪些?

三、任务实施

1. 设计布线路径;

2. 编写设备材料统计表(需另附表);

3. 编写端口对应表(需另附表);

4. 图纸绘制(需另附图);

5. 根据设备材料统计表,申请设备材料;

6. 工具准备;

7. PVC 管敷设;

8. 线缆标记;

9. 线缆敷设。

四、任务小结

通过此任务的实施,各小组集中完成下述工作:

1. 你认为本次实训是否达到预期目的,有哪些意见和建议?

2. 弯管器使用时要注意的事项有哪些?

任务工作单三

<table>
<tr><td rowspan="3">学习情境:楼宇内综合布线
工作任务:PVC 线槽敷设水平线缆</td><td>班级</td><td colspan="3"></td></tr>
<tr><td>姓名</td><td></td><td>学号</td><td></td></tr>
<tr><td>日期</td><td></td><td>评分</td><td></td></tr>
</table>

一、任务内容

使用 PVC 线槽敷设水平线缆,每组敷设 10 个信息点的水平线缆。

二、基本知识

1. PVC 线槽手工阴角、阳角处理方法;

2. 处理 PVC 线槽一般使用的工具有哪些?

三、任务实施

1. 设计布线路径;

2. 编写设备材料统计表(需另附表);

3. 编写端口对应表(需另附表);

4. 图纸绘制(需另附图);

5. 根据设备材料统计表,申请设备材料;

6. 工具准备;

7. PVC 线槽敷设;

8. 线缆标记;

9. 线缆敷设。

四、任务小结

通过此任务的实施,各小组集中完成下述工作:

1. 你认为本次实训是否达到预期目的,有哪些意见和建议?

2. PVC 线槽中线缆绑扎方法。

任务工作单四

<table>
<tr><td rowspan="3">学习情境:楼宇内综合布线
工作任务:桥架中敷设水平线缆</td><td>班级</td><td colspan="3"></td></tr>
<tr><td>姓名</td><td></td><td>学号</td><td></td></tr>
<tr><td>日期</td><td></td><td>评分</td><td></td></tr>
</table>

一、任务内容

桥架中敷设水平线缆,每组敷设10个信息点的水平线缆。

二、基本知识

1. 桥架施工的要点;

2. 从工具使用、梯子(脚手架)等方面,描述桥架施工中需要注意的事项。

三、任务实施

1. 设计布线路径;

2. 编写设备材料统计表(需另附表);

3. 编写端口对应表(需另附表);

4. 图纸绘制(需另附图);

5. 根据设备材料统计表,申请设备材料;

6. 工具准备;

7. 水平桥架线槽敷设;

8. 线缆标记;

9. 线缆敷设。

四、任务小结

通过此任务的实施,各小组集中完成下述工作:

1. 你认为本次实训是否达到预期目的,有哪些意见和建议?

2. 水平桥架施工中一般要用到什么工具?

工作任务四　管理间子系统设计与施工

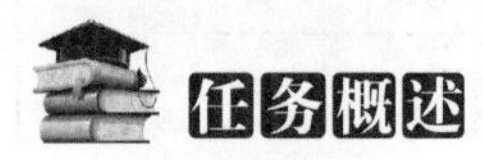

任务概述

任务描述

分组完成图2-5所示的管理间机柜的安装，并完成交换机端口对应表。

任务要求

1. 应知应会

（1）通过本工作任务的学习与具体实施，学生应学会下列知识：

①熟悉管理间的基本概念；

②熟悉管理间的设计；

③熟悉管理间的空间要求。

（2）学生应该掌握下列技能：

①会安装机柜；

②会安装机柜内部设备，比如理线架、配线架、交换机、路由器等；

③能根据竣工资料对管理间进行维护和维修。

2. 学习要求

（1）学生在上课前，应到本课程的网站中预习本工作任务的相关教学内容。

（2）本课程采用理实一体化的模式组织教学，学生在学习过程中，要注重理论与实践的结合，提高自己的动手能力。

（3）每个工作任务学习结束过程后，学生应独立完成任务工作单的填写。

相关知识

一、管理间子系统

管理间子系统由交连、互联和I/O组成。管理间为连接其他子系统提供手段，它是连接垂直干线子系统和水平干线子系统的设备，其主要设备是配线架、交换机、机柜和电源。管理间子系统中常见的设备材料如表2-15所示，有关光纤（缆）配线端接材料设备请参阅学习情境三的工作任务二。

常见的设备材料　　　　表2-15

外　观	名　称	作　用
铜缆配线材料设备		
	24口配线架（不含模块）	用于管理间配线端接
	超五类模块	用于配线端接

续上表

外　　观	名　　称	作　　用
铜缆配线材料设备		
	超五类屏蔽模块	用于配线端接
	24 口配线架 （含超五类非屏蔽模块）	用于管理间配线端接
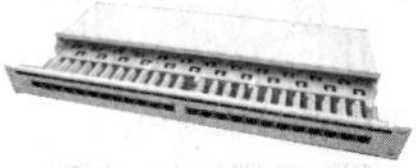	24 口六类屏蔽配线架（含模块）	用于管理间配线端接
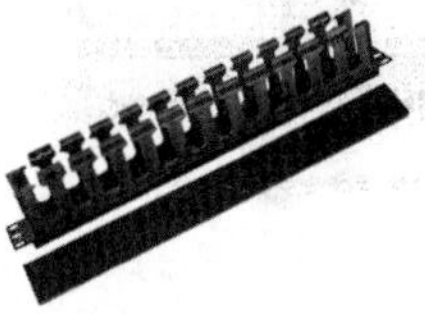	金属理线架	用于机柜理线
	非屏蔽跳线	用于连接配线架和交换机 （路由器）
	屏蔽跳线	用于连接屏蔽配线架和交换机 （路由器）
外　　观	名　　称	型 号 规 格
机柜		
	壁挂机柜	常用规格： 容量：高（mm）×宽（mm）×深（mm） 6U　350×600×450 7U　400×600×450 12U 600×600×450 14U 700×600×450

续上表

外　观	名　称	型号规格
	立式机柜	常用规格： 网络配线机柜 容量：高(mm)×宽(mm)×深(mm) 20U 1000×600×650 24U 1200×600×650 32U 1600×600×650 37U 1800×600×650 37U 2000×600×650 服务器机柜 容量：高(mm)×宽(mm)×深(mm) 24U 1200×600×800 32U 1600×600×800 37U 1800×600×800 37U 2000×600×800

注：机柜容量用U表示，通常1U位置能安装1U理线架(或是1U配线架、1U交换机)。

二、管理间设计

1. 管理间设计要点

(1)管理间的数量应按所服务的楼层范围及工作区面积确定。如果该层信息点数量不大于400个，水平缆线长度在90m范围以内，宜设置一个管理间；当超出这一范围时宜设两个或多个管理间；每层的信息点数量数较少，且水平缆线长度不大于90m的情况下，宜几个楼层合设一个管理间。

(2)管理间应与强电间分开设置，管理间内或其紧邻处应设置缆线竖井。

(3)管理间的使用面积不应小于5m^2，也可根据工程中配线设备和网络设备的容量进行调整。对于旧楼改造而言，若在设计时没有单独的管理间，可以考虑直接将机柜壁挂安装。

(4)管理间应采用外开丙级防火门，门宽大于0.7m。管理间内温度应为10～35℃，相对湿度宜为20%～80%。如果安装信息网络设备时，应符合相应的设计要求。

(5)管理间应提供不少于两个220V带保护接地的单相电源插座。

(6)管理间如果安装电信设备或其他信息网络设备时，设备供电应符合相应的设计要求。

2. 管理间子系统设计原则

管理间一般的设计步骤大致为需求分析、技术交流、管理间编号、统计管理间设备材料。

(1)需求分析。在需求分析阶段，必须索取和认真阅读建筑物图纸。《综合布线系统工程设计规范》(GB 50311—2007)实施以来，新建建筑物一般都提供了弱电初步设计图纸。在图纸中，一般都规划了管理间的位置，并且每层楼的管理间都能通过竖井在垂直方向联通。

对于新建建筑物而言，主要是保证最远端信息点位置距离管理间配线架的距离不超过90m，若是闭路电视监控系统采用模拟信号，使用同轴电缆传输距离最远可以传输500m。

对于旧楼改造,管理间一般设置在距离最远的两个信息点中间,保证各个信息点到管理间配线架的位置不超过90m。

(2)技术交流。在技术交流过程中,同业主或监理、其他安装工程负责人、装修装饰工程负责人进行交流,主要确定工序及相关配套设施的安装情况。充分了解管理间附件电源插座、电力电缆、电气设备等情况。

主要内容包括以下5个方面:

①配电安装;

②照明安装;

③等电位接地端子安装;

④管理间装修;

⑤管理间防火门安装,保证管理间设备安全。

(3)管理间编号。主要完成端口对应表,确定所有信息点编号,如表2-16所示。

端口对应表 表2-16

信息点端口对应表								
项目名称:×××项目 建筑物名称:机电楼 楼层:二层 2FD1 机柜 文件编号:RDSJ002								
序号	信息点编号	机柜编号	配线架编号	配线架端口编号	楼层编号	位置编号	信息点编号	备注
1	2FD1-1-01-1-101-1	2FD1	1	1	1	101	1	
2	2FD1-1-02-1-101-2	2FD1	1	2	1	101	2	
3	2FD1-1-03-1-101-3	2FD1	1	3	1	101	3	
4	2FD1-1-04-1-102-1	2FD1	1	4	1	102	1	
5	2FD1-1-05-1-102-2	2FD1	1	5	1	102	2	
6	2FD1-1-06-1-103-1	2FD1	1	6	1	103	1	
7	2FD1-1-07-2-201-1	2FD1	1	7	2	201	1	
8	2FD1-1-08-2-201-2	2FD1	1	8	2	201	2	
9	2FD1-1-09-2-202-1	2FD1	1	9	2	202	1	
10	2FD1-1-10-2-202-2	2FD1	1	10	2	202	2	
11	2FD1-1-11-2-203-1	2FD1	1	11	2	203	1	
12	2FD1-1-12-2-203-2	2FD1	1	12	2	203	2	
13	2FD1-1-13-2-203-3	2FD1	1	13	2	203	3	
14	2FD1-1-22-1-1LD-1	2FD1	1	22	1	1LD	1	视频监控,1楼走廊东边
15	2FD1-1-23-1-1LX-2	2FD1	1	23	1	1LX	2	视频监控,1楼走廊西边
16	2FD1-1-24-1-1ZM-3	2FD1	1	24	1	1ZM	3	视频监控,1楼正门

编制: 审核: ××××公司 ××年××月××日

机柜编号一般以楼层开始,这里是2FD1,表示2楼第一个机柜,若是有第二机柜则编号为2FD2。

此外,还应完成配线架与交换机设备端口对应表,如表2-17所示。在施工过程中,要按照编号表操作,对于线缆编号、交换机跳线连接严格按照编号表进行,则可以方便后期维护工作,减少维护时间。交换机端口对应表主要是考虑多个配线架通过跳线与交换机连接的情况,如果是一对一跳接,此表可省略。

交换机端口对应表 表 2-17

交换机端口对应表							
项目名称:×××项目 建筑物名称:机电楼 楼层:二层 2FD1 机柜 文件编号:RDSJ003							
序号	信息点编号	机柜编号	配线架编号	配线架端口编号	交换机编号	交换机端口编号	备注
1	2FD1-1-01-1-101-1	2FD1	1	1	SW1	1	
2	2FD1-1-02-1-101-2	2FD1	1	2	SW1	2	
3	2FD1-1-03-1-101-3	2FD1	1	3	SW1	3	
4	2FD1-1-04-1-102-1	2FD1	1	4	SW1	4	
5	2FD1-1-05-1-102-2	2FD1	1	5	SW1	5	
6	2FD1-1-06-1-103-1	2FD1	1	6	SW1	6	
7	2FD1-1-07-2-201-1	2FD1	1	7	SW1	7	
8	2FD1-1-08-2-201-2	2FD1	1	8	SW1	8	
9	2FD1-1-09-2-202-1	2FD1	1	9	SW1	9	
10	2FD1-1-10-2-202-2	2FD1	1	10	SW1	10	
11	2FD1-1-11-2-203-1	2FD1	1	11	SW1	11	
12	2FD1-1-12-2-203-2	2FD1	1	12	SW1	12	
13	2FD1-1-13-2-203-3	2FD1	1	13	SW1	13	
14	2FD1-1-22-1-1LD-1	2FD1	1	22	SW1	22	视频监控,1 楼走廊东边
15	2FD1-1-23-1-1LX-2	2FD1	1	23	SW1	23	视频监控,1 楼走廊西边
16	2FD1-1-24-1-1ZM-3	2FD1	1	24	SW1	24	视频监控,1 楼正门

编制: 审核: ××××公司 ××年××月××日

注:表中的 SW1 表示第一台交换机,顺序从上到下编制。在相关的技术文档中,要说明编号的规则。

(4)统计管理间材料设备。

根据信息点的数量和类型,计算所需理线架、配线架以及交换机的数量及类型。不要漏算漏记设备材料,特别是接地导线。综合布线系统工程设计规范(GB 50311—2007)规定接地导线选择,如表 2-18 所示。

接地导线选择表 表 2-18

名 称	楼层配线设备至大楼总接地体的距离	
	30m	100m
信息点的数量(个)	75	>75,450
选用绝缘铜导线的截面(mm^2)	6~16	16~50

铜缆配线架数量的计算,根据铜缆配线的工作区信息点的数量来计算。例如:

铜缆配线的工作区信息点数量为 30,那么铜缆配线架的选择是 1 个 24 口配线架,外加 1 个 12 口配线架。

光纤配线架根据光纤的芯数进行计算,例如:

工作区光纤配线的信息点总数为 23 芯,那么可以选择 1 个 24 口光纤配线架,同时配选 47(24+23)个耦合器(配线架端选 24 个耦合器,主要是为了封闭配线架所有耦合器安装口),46 根光纤跳线。

根据配线架的数量，合理选择理线架的数量。如果配线架不具理线功能，配线架与理线架的数量比一般为1:2，如果配线架具有理线功能，则配线环节不需要理线架。交换机与理线架的数量比一般是1:1。

根据配线架、理线架、交换机的数量选择合适容量的机柜，机柜的容量一般要略大于设备所占容量，原因是：

①交换机设备散热；

②未来扩充的预留。

三、施工

1. 机柜安装

根据《综合布线系统工程设计规范》（GB 50311—2007），机柜安装应该符合下面的规定：

（1）机架或机柜前面的净空不应小于800mm，后面的净空不应小于600mm。

（2）壁挂式配线设备底部离地面的高度不宜小于300mm。

通常来说，如果没有单独设置管理间，壁挂式机柜一般安装高度都应不小于1800mm。

机柜安装过程中需要注意的事项：

①机柜安装要水平；

②机柜安装稳固，不晃动；

③机柜前后净空要符合规定；

④接地线缆符合规定，安装稳固。

2. 铜缆配线

铜缆配线主要是包括理线、端接两步。在配线端接时，一定要按照端口对应表进行，标签清晰，在完成施工后，要将信息点端口对应表、交换机端口对应表过塑后，用扎带绑扎在机柜上。

铜缆配线注意事项：

（1）标记要清晰。

（2）理线过程中，不能过度弯折线缆。

（3）交换机、散热风扇等供电电源线缆不准与信号线缆绑扎在一起。

（4）配线架、理线架安装稳固，不晃动。

3. 交换机安装

交换机安装注意事项：

（1）交换机上下尽可能预留1U位置，保证良好的散热。

（2）交换机安装要水平。

（3）接地线缆符合规定，安装稳固。

（4）供电电源线安装稳固。

（5）跳线安装稳固，美观。

4. 接地

对于非屏蔽布线，主要将交换机、机柜等设备接地即可。

对于屏蔽布线系统的接地做法，一般在配线设备（FD、BD、CD）的安装机柜（机架）内设有接地端子，接地端子与屏蔽模块的屏蔽罩相连通，机柜（机架）接地端子则经过接地导体连至大楼等电位接地体。为了保证全程屏蔽效果，终端设备的屏蔽金属罩可通过相应的方式与TN-S系统的PE线接地，但不属于综合布线系统接地的设计范围。

5. 光纤(缆)配线

请参阅情境三的工作任务二。

任务实施

机电楼二楼管理间已经满足施工条件(可在实训台模拟),准备相应的设备材料进行施工。具体步骤如下:

(1)计算和统计设备材料数量及类型,编制设备材料统计表。

(2)编制信息点端口对应表。

(3)编制交换机端口对应表。

(4)根据设备材料统计表,申请设备材料。

(5)工具准备,如表2-19所示。

(6)机柜安装。

(7)理线架安装。

(8)配线架安装。

(9)交换机安装。

(10)接地线缆安装。

(11)供电电源线安装。

(12)理线。

(13)端接配线。

(14)跳线安装。

(15)测试。

(16)端口对应表绑扎。

工　具　　表2-19

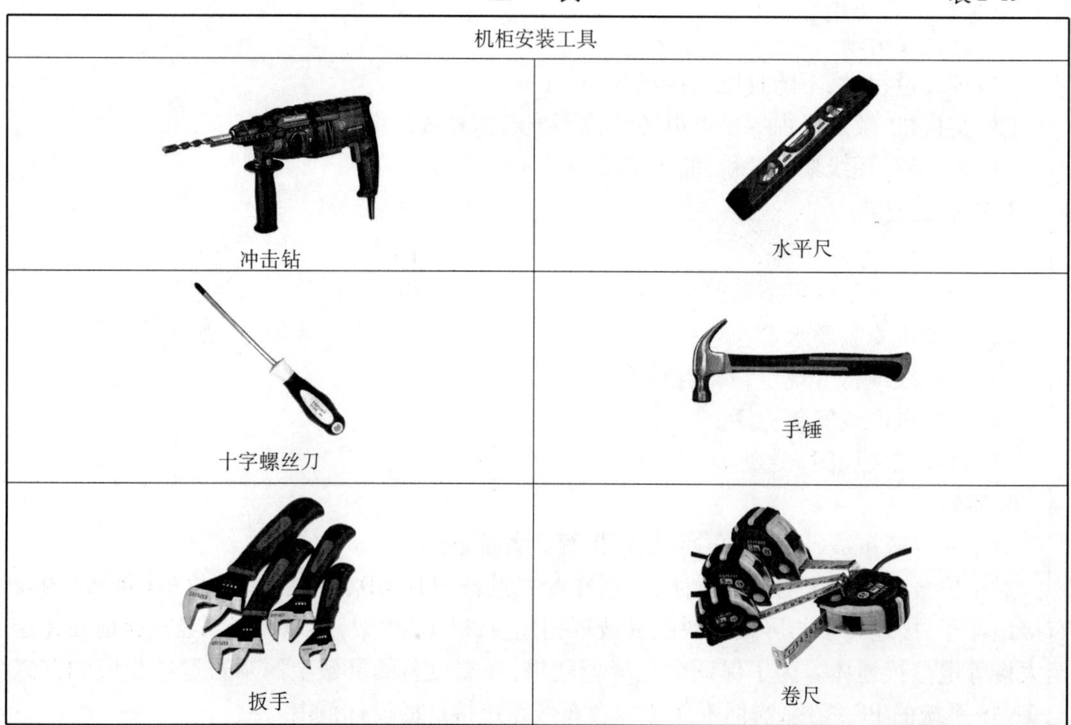

机柜安装工具	
冲击钻	水平尺
十字螺丝刀	手锤
扳手	卷尺

续上表

通信线缆处理工具	
 剪刀	 打线刀
 手持标签打印机	 尼龙扎带
 旋转剥线刀	 压线钳
 网络测线仪	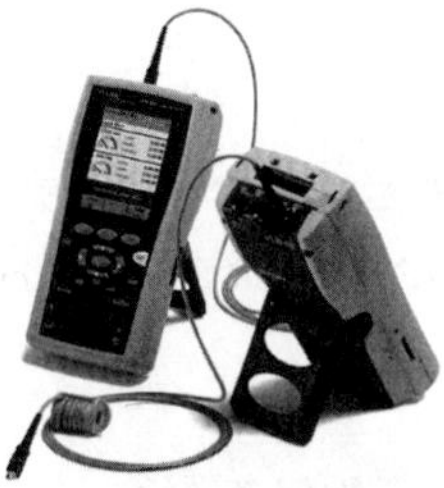 FLUKE dtx－1800 电缆认证分析仪
接地线缆处理工具	
 端子压线钳	 数字万用表

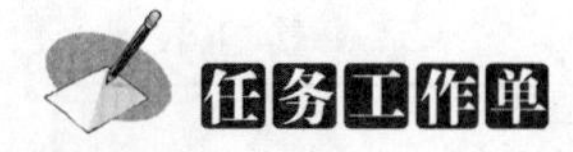

学习情境:楼宇内综合布线 工作任务:管理间子系统配线安装	班级			
	姓名		学号	
	日期		评分	

一、任务内容

管理间子系统安装,水平子系统线缆10根。

二、基本知识

1. 管理间设计要点;
2. 管理间设计原则;
3. 机柜容量的计算,假定某层楼共有信息点98个,请选择合适的机柜及相应数量的配线架、理线架。

三、任务实施

1. 计算和统计设备材料数量及类型,编制设备材料统计表(需另附表);
2. 编制信息点端口对应表(需另附表);
3. 编制交换机端口对应表(需另附表);
4. 根据设备材料统计表,申请设备材料;
5. 工具准备;
6. 机柜安装;
7. 理线架安装;
8. 配线架安装;
9. 交换机安装;
10. 接地线缆安装;
11. 供电电源线安装;
12. 理线;
13. 端接配线;
14. 跳线安装;
15. 测试;
16. 端口对应表绑扎。

四、任务小结

通过此任务的实施,各小组集中完成下述工作:

1. 你认为本次实训是否达到预期目的,有哪些意见和建议?

2. 机柜容量你是如何确定的?

3. 理线绑扎有哪些注意事项?

4. 在非屏蔽系统中,管理间有哪些设备是需要接地的?

工作任务五　垂直干线子系统设计与施工

任务概述

任务描述

（1）分组为实训室三层管理间完成垂直干线布线任务，要求使用线槽。

（2）单独完成你所在宿舍楼栋的布线图设计，使用 MS Visio。

任务要求

1. 应知应会

（1）通过本工作任务的学习与具体实施，学生应学会下列知识：

①垂直干线子系统布线通道选择；

②垂直干线子系统设备材料统计；

③熟悉垂直干线子系统一般设计原则。

（2）学生应该掌握下列技能：

①会安装垂直干线子系统布线通道；

②垂直干线系统布线端接。

2. 学习要求

（1）学生在上课前，应到本课程的网站中预习本工作任务的相关教学内容。

（2）本课程采用理实一体化的模式组织教学，学生在学习过程中，要注重理论与实践的结合，提高自己的动手能力。

（3）每个工作任务学习结束过程后，学生应独立完成任务工作单的填写。

相关知识

一、垂直干线子系统

干线子系统是综合布线系统中的重要组成部分，它由设备间子系统与管理间子系统的布线组成，一般采用大对数电缆和光缆。干线子系统包括：

（1）供各条干线电缆或光缆走线的竖向或水平通道。

（2）设备间与管理间之间的电缆或光缆。

（3）设备间、管理间机柜中安装的配线设备。

垂直干线子系统常用的设备材料如表 2-20 所示。光纤（缆）相关内容请参阅学习情境三的工作任务二。

垂直干线子系统常用设备材料　　表 2-20

外　观	名　称	型号规格
	大对数电缆	屏蔽层类型 UTP、FTP、SFTP、STP 规格： 10 对、20 对、25 对、50 对、100 对等

续上表

外观	名称	型号规格
	弓形骑马	用于垂直桥架安装，规格取决于安装桥架规格
	垂直桥架	常见颜色 灰色、军绿色，其他颜色可以定制 常见规格 150mm × 75mm 200mm × 100mm 300mm × 150mm

大对数电缆色谱组成分序共有10种颜色组成，由5种主色和5种次色；5种主色和5种次色又组成25种色谱，不管大对数电缆对数多大，通常大对数电缆都是按25对色为一小把标识组成。大对数线缆一般分为3类大对数和5类大对数，又分为：5对、10对、20对、25对、50对、100对、200对、300对。

大对数电缆线缆主色为：白、红、黑、黄、紫，线缆配色为：蓝、橙、绿、棕、灰；一般把"白红黑黄紫"称为a线，"蓝橙绿棕灰"称为b线，线对编号色谱如表2-21所示。

双绞线、桥架的其他配件请参阅学习情境三。

线对编号色谱 表2-21

线对编号	1	2	3	4	5	6	7	8	9	10	11	12	13
a线 b线	白 蓝	白 橙	白 绿	白 棕	白 灰	红 蓝	红 橙	红 绿	红 棕	红 灰	黑 蓝	黑 橙	黑 绿
线对编号	14	15	16	17	18	19	20	21	22	23	24	25	
a线 b线	黑 棕	黑 灰	黄 蓝	黄 橙	黄 绿	黄 棕	黄 灰	紫 蓝	紫 橙	紫 绿	紫 棕	紫 灰	

二、垂直干线子系统设计

1. 垂直干线子系统设计要点

(1)干线子系统所需要的电缆总对数和光纤总芯数，应满足工程的实际需求，并留有适当的备份容量。主干缆线宜设置电缆与光缆，并互相作为备份路由；

(2)干线子系统主干缆线应选择较短的安全的路由。主干电缆宜采用点对点终接，也可采用分支递减终接。点对点端接是最简单、最直接的配线方法，电信间的每根干线电缆直接从设备间延伸到指定的楼层电信间。分支递减终接是用1根大对数干线电缆来支持若干个电信间的通信容量，经过电缆接头保护箱分出若干根小电缆，它们分别延伸到相应的电信1根，并终接于目的地的配线设备；

(3)如果电话交换机和计算机主机设置在建筑物内不同的设备间，宜采用不同的主干缆线来分别满足语音和数据的需要；

(4)在同一层若干电信间之间宜设置干线路由；

(5)若语音信息点8位模块通用插座连接ISDN用户终端设备，并采用S接口(4线接口)时，相应的主干电缆则应按2对线配置。

2. 主干电缆和光缆所需的容量要求及配置

主干电缆和光缆所需的容量要求及配置应符合以下规定：

(1)对语音业务，大对数主干电缆的对数应按每一个电话8位模块通用插座配置1对线，并在总需求线对的基础上至少预留约10%的备用线对；

(2)对于数据业务应以集线器(HUB)或交换机(SW)群(按4个HUB或SW组成1群)；或以每个HUB或SW设备设置1个主干端口配置。每1群网络设备或每4个网络设备宜考虑1个备份端口。主干端口为电端口时，应按4对线容量，为光端口时则按2芯光纤容量配置；

(3)当工作区至电信间的水平光缆延伸至设备间的光配线设备(BD/CD)时，主干光缆的容量应包括所延伸的水平光缆光纤的容量在内。

3. 垂直干线子系统设计原则

垂直干线子系统设计的一般步骤是为，需求分析、技术交流、干线路径规划、统计设备材料。

(1)需求分析。需求分析阶段主要工作是根据用户需求选择合适的线缆，避免数据传输出现“肚子大、口子小”的瓶颈现象。

其次根据所有管理间到设备间线缆的总量，选择合适布线通道，大多数时候均采用桥架，少数情况下采用PVC线槽或者是金属管。

(2)技术交流。技术交流主要是同业主或建立、其他安装工程、装饰装修工程进行交流。主要确定工序及配电等。一般包括以下内容：

①竖井是否已经设计；

②竖井楼层开口是否对齐；

③竖井内楼照明设施；

④等电位接地端子；

⑤桥架水平部分的吊顶施工。

一般来讲，竖井都是在管理间内部。

(3)干线路径规划。根据《综合布线系统工程设计规范》(GB 50311—2007)规定，新建建筑物必须有综合布线设计。一般来说垂直方向都已经规划好了，在路径规划时主要考虑水平部分，即是从某层楼的管理间到设备间这部分，一般来说可以直接使用水平子系统布线通道。

对于旧楼改造来说，垂直干线路径主要考虑以下3点：

①尽量不破坏楼栋建筑外观；

②连接管理间、设备间的路由尽可能短；

③不容易被破坏。

完成干线规划后,进行干线布线系统设计图绘制。如图 2-9 所示。如果有语音或者是闭路电视监控系统可以将它们在一张图纸中绘制出来。

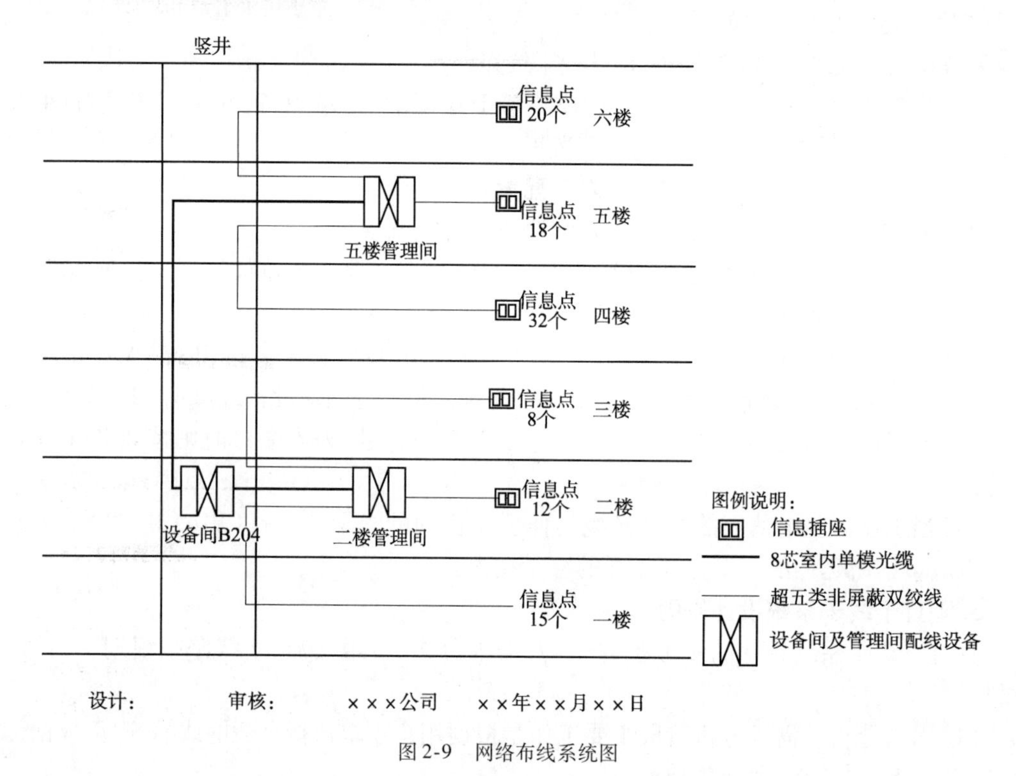

图 2-9　网络布线系统图

(4)统计设备材料。根据设计结果,统计设备材料并填写设备材料统计表。

4. 施工

(1)桥架施工。桥架施工要注意以下几个方面:

①两节桥架间接缝要小,不要有明显错位;

②桥架安装要垂直,可以使用水平尺、墨斗等辅助工具;

③桥架安装稳固,不晃动;

④桥架跨接底线安装牢固;

⑤桥架等电位接地线缆符合规范,安装稳固;

⑥桥架切割处打磨平滑。

(2)缆线布放。

垂直干线布放一般有两种方式,从下至上和从上至下,常见的方式是从上至下,利用线缆的自重节省布线拉力。当楼层不是很高时(一般小于 10 层),一般采取手工布放;当楼层过高时(一般大于 10 层)可以考虑使用线缆牵引车进行布放,选择从下至上的方式。

线缆布放时,需要注意以下几点:

①拉线应该匀速,避免过猛用力;

②成卷线缆布线时,应避免打折而损坏线缆;

③在管理间及设备间应预留足够长度理线、端接;

④垂直线缆在每层楼都应标记,一般是过塑后绑扎在线缆上。线缆标记的内容应该包

括线缆的规格、线缆所属管理间、线缆所属设备间等；

⑤垂直线缆在桥架中，每隔1.5m～2m应绑扎。

(3)配线端接。配线端接参考情境一的任务四、情景三的任务二中的铜缆、光纤(缆)的配线端接要求。

 任务实施

对机电楼垂直干线子系统进行设计，完成设计后即满足施工条件。请完成相应的工作任务(实训台模拟)。

具体步骤如下：

(1)设计布线路径。

(2)图纸绘制。

(3)编写设备材料统计表。

(4)根据设备材料统计表，申请设备材料。

(5)工具准备，如表2-22所示。

工　具　　　　表2-22

桥架/线槽处理工具	
卷尺	冲击钻
切割机	角磨机
螺丝刀	扳手

续上表

(6)桥架敷设。

(7)线缆标记与敷设。

任务工作单

<table>
<tr><td rowspan="3">学习情境:楼宇内综合布线
工作任务:垂直干线子系统施工</td><td>班级</td><td colspan="3"></td></tr>
<tr><td>姓名</td><td></td><td>学号</td><td></td></tr>
<tr><td>日期</td><td></td><td>评分</td><td></td></tr>
</table>

一、任务内容

垂直干线子系统施工,每组需从设备间敷设4芯光缆及电缆到3个管理间。

二、基本知识

1. 垂直干线子系统设计要点;

2. 垂直干线子系统设计原则;

3. 垂直线缆绑扎的间距一般是________________;

4. 垂直桥架在安装时,需要注意的事项有哪些;

5. 垂直桥架在安装过程中,你可能需要用到的工具有哪些;

6. 垂直干线部分设计到配线设施有哪些;

7. 某栋楼共有5层,每层设置一管理间,当使用8芯光缆连接管理间和设备间时(假定均使用ST型跳线),需要用到8芯ST尾纤____________束、ST耦合器____________个、光纤配线架____________架、ST跳线________根。

三、任务实施

1. 设计布线路径;

2. 图纸绘制;

3. 编写设备材料统计表(需另附表);

4. 根据设备材料统计表,申请设备材料;

5. 工具准备;

6. 桥架敷设;

7. 线缆标记与敷设。

四、任务小结

通过此任务的实施,各小组集中完成下述工作:

1. 你认为本次实训是否达到预期目的,有哪些意见和建议?

2. 垂直干线子系统线缆你是如何绑扎的?

3. 通过每层楼的竖井时,你的线缆是如何标记的?

工作任务六　设备间子系统设计与施工

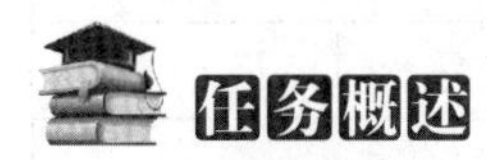

任务描述

完成设备间24u落地机柜安装,包括其中的交换机安装。

任务要求

1. 应知应会

(1)通过本工作任务的学习与具体实施,学生应学会下列知识:

①熟悉设备间设计原则;

②熟悉设备间线缆敷设方式。

(2)学生应该掌握下列技能:

①设备间机柜的安装;

②设备间配线端接;

③设备配电。

2. 学习要求

(1)学生在上课前,应到本课程的网站中预习本工作任务的相关教学内容。

(2)本课程采用理实一体化的模式组织教学,学生在学习过程中,要注重理论与实践的结合,提高自己的动手能力。

(3)每个工作任务学习结束过程后,学生应独立完成任务工作单的填写。

一、设备间子系统

设备间子系统是一个集中化设备区,连接系统公共设备及通过垂直干线子系统连接至管理子系统,如局域网(LAN)、主机、建筑自动化和保安系统等。

设备间子系统是大楼中数据、语音垂直主干线缆终接的场所;也是建筑群的线缆进入建筑物终接的场所;更是各种数据语音主机设备及保护设施的安装场所。建筑群的线缆进入建筑物时应有相应的过流、过压保护设施。

设备间子系统空间要按《综合布线系统工程设计规划》(GB 50311—2007)要求设计。设备间子系统空间用于安装电信设备、连接硬件、接头套管等。为接地和连接设施、保护装置提供控制环境;是系统进行管理、控制、维护的场所。设备间子系统所在的空间还有对门窗、天花板、电源、照明、接地的要求。

二、设备间子系统设计

1. 设备间子系统设计要点

根据《综合布线系统工程设计规划》(GB 50311—2007)规定,设备间设计时应符合以下规定:

(1)设备间位置应根据设备的数量、规模、网络构成等因素,综合考虑确定。

(2)每幢建筑物内应至少设置1个设备间,如果电话交换机与计算机网络设备分别安装在不同的场地或根据安全需要,也可设置2个或2个以上设备间,以满足不同业务的设备安装需要。

(3)建筑物综合布线系统与外部配线网连接时,应遵循相应的接口标准要求。

(4)设备间的设计应符合下列规定:

①设备间宜处于干线子系统的中间位置,并考虑主干缆线的传输距离与数量;

②设备间宜尽可能靠近建筑物线缆竖井位置,有利于主干缆线的引入;

③设备间的位置宜便于设备接地;

④设备间应尽量远离高低压变配电、电机、X射线、无线电发射等有干扰源存在的场地;

⑤设备间室温度应为10~35℃,相对湿度应为20%~80%,并应有良好的通风;设备间内应有足够的设备安装空间,其使用面积不应小于10m^2,该面积不包括程控用户交换机、计算机网络设备等设施所需的面积在内;

⑥设备间梁下净高不应小于2.5m,采用外开双扇门,门宽不应小于1.5m;

⑦设备间楼板承重分为A、B两级。A级≥500kg/m^2,B级≥300kg/m^2。

(5)设备间应防止有害气体(如氯、碳水化合物、硫化氢、氮氧化物、二氧化碳等)侵入,并应有良好的防尘措施,尘埃含量限值宜符合表2-23的规定。

尘埃限值 表2-23

尘埃颗粒的最大直径(μm)	0.5	1	3	5
灰尘颗粒的最大浓度(粒子数/m^3)	1.4×107	7×105	2.4×105	1.3×105

注:灰尘粒子应是不导电的,非铁磁性和非腐蚀性的。

(6)在地震区的区域内,设备安装应按规定进行抗震加固。

(7)设备安装宜符合下列规定:

①机架或机柜前面的净空不应小于800mm,后面的净空不应小于600mm。

②壁挂式配线设备底部离地面的高度不宜小于300mm。

(8)设备间应提供不少于两个220V带保护接地的单相电源插座,但不作为设备供电电源。

(9)设备间如果安装电信设备或其他信息网络设备时,设备供电应符合相应的设计要求。

2. 设备间子系统设计原则

设备间子系统设计的大致步骤是需求分析、技术交流、统计设备材料。

(1)需求分析。在需求分析阶段,主要的工作是确定设备间的大小和位置;其次是确定不同设备是否设定不同的设备间。

一般来讲,设备间最小使用面积应不小于20m^2。如果设备已经选型,那么设备间的面积$S=5\times\Sigma S_{设备}$,其中S为设备间面积(m^2),$\Sigma S_{设备}$是所有设备的面积和(m^2)。

确定设备间位置,大致可以遵循以下原则:

①应尽量建在综合布线干线子系统的中间位置,并尽可能靠近建筑物电缆引入区和网络接口,以方便干线线缆的进出;

②应尽量避免设在建筑物的高层或地下室以及用水设备的下层;

③应尽量远离强振动源和强噪声源；

④应尽量避开强电磁场的干扰；

⑤应尽量远离有害气体源以及易腐蚀、易燃、易爆物；

⑥应便于接地装置的安装。

在与用户进行需求分析时，还应考虑到电话、闭路电视监控系统、网络等是不是要设置不同的设备间。如果要单独设置，则需要提供更多的空间来安装设备；另外设备间是否有人长期在里面工作，如果有，需要将工作区域与设备区域隔离。一般来说，闭路电视监控系统大多会有人长期工作，需要将设备区域与工作区域隔离，闭路电视监控系统工作区域仅包括操作台及电视墙。

(2)技术交流。技术交流主要与业主或监理、其他安装工程负责人、装饰装修工程负责人，具体交流内容包括：

①所有管理间的安装工程、装修工程工序；

②室内吊顶工作应该在室内布线通道完成后进行；

③照明工作应该在设备间配线、设备安装之前完成；

④为了保证设备间的通风、温度、湿度，加湿器及空调安装；

⑤设备间配电安装；

⑥设备间等电位接地；

⑦UPS 不间断电源；

⑧设备间窗帘；

⑨安装防静电活动地板；

⑩设备间防雷措施；

⑪设备间消防设备。

根据《综合布线系统工程设计规范》(GB 50311—2007)要求，对计算机网络中心设备间电源系统采用三级防雷设计。第一、二级电源防雷：防止从室外窜入的雷电过电压、防止开关操作过电压、感应过电压、反射波效应过电压。一般在设备间总配电处，选用电源防雷器分别在 L-N、N-PE 间进行保护，可最大限度地确保被保护对象不因雷击而损坏，更大限度地保护设备安全。第三级电源防雷：防止开关操作过电压、感应过电压。主要考虑到设备间的重要设备(服务器、交换机、路由器等)多，必须在其前端安装电源防雷器。

设备间工作设备均是强弱电，在选择消防灭火器时，一般选用干粉或干冰(二氧化碳)灭火器。不宜选择有电解质的灭火器，如泡沫灭火器。

(3)统计设备材料。根据需求，计算出机柜容量，选择合适的机柜。根据设备功率要求，计算出 UPS 主机头的伏安数，选择合适的 UPS 电源。UPS 主机头伏安数计算方法为：

$$伏安数 = \frac{\Sigma W_{额定功率}}{0.8}$$

为了考虑将来设备扩容及 UPS 安全运行的需要，一般来说，预留空间为 30% ~50%。若计算出来是 1kVA，那么选择的主机头应该是 2kVA，供电电池组根据延迟时间选择；其次为了 UPS 设备使用寿命及安全考虑，不宜满负荷运转。

防静电活动地板，根据房间面积选择即可。

其他设备选择请参阅管理间设备材料统计。所有设备材料统计完成后，填写设备材料统计表。

三、施工

1. 防静电活动地板安装

防静电活动地板安装，一般由厂家负责。在防静电活动地板安装前，要注意下面几个方面：

(1)地面要做清洁，不留灰尘；如有条件可以先刷防尘漆。

(2)要同地板安装人工进行沟通，预先规划、敷设布线通道。

(3)防静电活动地板接地良好，接地铜缆安装稳固，符合规范。

2. 机柜安装

机柜在安装时，要符合《综合布线系统工程设计规范》(GB 50311—2007)的要求。机柜安装稳定，不晃动，机柜安装应竖直，柜面水平，无明显垂直及水平偏差，施工时可使用水平尺等辅助工具。

机柜接地良好，接地线缆符合规范，端接点牢固。

3. 线缆敷设

设备间线缆敷设一般有两种方式，在防静电活动地板下方布线方式以及机架走线架方式。

采用防静电活动地板下方布线方式时，在地板为安装之前，应该在地面使用墨斗弹线等方法将地板安装方格规划出来，根据机柜预定位置，规划好布线路径，敷设布线通道，一般采用 PVC(金属)线槽。PVC(金属)线槽的规格取决于线缆数量。

采用机架走线架方式，根据机柜安装位置，预先安装好走线架。走线架可以采取类似桥架的安装方式。走线架一般配合固线器使用，固线器主要起到理线作用。

4. 配电

设备间配电容量要留有一定余地，以备扩容的需要。除了为 UPS 供电外，还应额外提供电源，保证检修维护的需要。

5. 配线端接

配线端接请参照管理间的要求。

任务实施

根据机电楼的信息点、管理间及用户需求，完成设备间设计并完成相应的施工(实训台模拟)。

具体步骤如下：

(1)设计布线路径。

(2)编写设备材料统计表。

(3)根据设备材料统计表，申请设备材料。

(4)工具准备，如表 2-24 所示。

(5)布线通道敷设。

(6)机柜安装。

(7)线缆敷设与标记。

(8)配线端接。

(9)机柜端标记。

工　具　　表 2-24

续上表

通信线缆处理工具	
剪刀	打线刀
手持标签打印机	尼龙扎带
旋转剥线刀	压线钳
网络测线仪	FLUKE dtx－1800 电缆认证分析仪
接地线缆处理工具	
端子压线钳	数字万用表

任务工作单

<table>
<tr><td rowspan="3">学习情境:楼宇内综合布线
工作任务:设备间施工</td><td>班级</td><td colspan="3"></td></tr>
<tr><td>姓名</td><td></td><td>学号</td><td></td></tr>
<tr><td>日期</td><td></td><td>评分</td><td></td></tr>
</table>

一、任务内容

在实训台模拟设备间施工,主要完成机柜安装及配线。每组完成一个设备间施工。设备间配置一台24U机柜,线缆从3个管理间引入。

二、基本知识

1. 设备间设计要点;

2. 设备间设计原则;

3. 设备间所有设备供电瓦数估算;

4. UPS供电需求计算,假定所有设备供电总瓦数约为10kW,请选择合适的UPS主机头,主机头伏安数为____________;如果断电后,需要通过UPS持续供电不得少于3h,电池组应配置为________________;

5. 设备间需要接地设备,接地电阻一般不大于____________;

6. 立式机柜前后净空分别是____________和____________;

7. 设备间灭火器一般是________________;

8. 在设备间安装立式机柜一般需要使用的工具有哪些?

三、任务实施

1. 设计布线路径;

2. 编写设备材料统计表(需另附表);

3. 根据设备材料统计表,申请设备材料;

4. 工具准备;

5. 布线通道敷设;

6. 机柜安装;

7. 线缆敷设与标记;

8. 配线端接;

9. 机柜端标记。

四、任务小结

通过此任务的实施,各小组集中完成下述工作:

1. 你认为本次实训是否达到预期目的,有哪些意见和建议?

2. 设备间有哪些设备有接地需求?

学习情境三　外场区综合布线

情境概述

一、职业能力分析

通过本情境的学习，期望达到下列目标。

1. 专业能力

(1)能规划建筑群子系统；

(2)能依据建筑群布线方案进行施工；

(3)能独立完成建筑群布线工程的维护工作。

2. 社会能力

(1)通过分组活动，培养团队协作能力；

(2)通过规范文明操作，培养良好的职业道德和安全环保意识；

(3)通过小组讨论、上台演讲评述，培养与客户的沟通能力。

3. 方法能力

(1)通过查阅资料、文献，培养自学能力和获取信息能力；

(2)通过情境化的任务单元活动，掌握解决实际问题的能力；

(3)填写任务工作单，制订工作计划，培养工作方法能力；

(4)能独立使用各种媒体完成学习任务。

二、学习情境描述

根据用户需求，为用户编制某园区的综合布线方案。依据此布线方案完成园区综合布线工程的施工，同时完成相应的图纸、文档的归档作业。

三、教学环境要求

(1)学习情境要求在理实一体化专业教室和专业实训室完成。实训室配置要求如下：

①模拟实训楼宇4幢；

②综合布线工具4套；

③相关的实训材料；

④计算机(用于查询资料以及编写方案)；

⑤任务工作单；

⑥多媒体教学设备、课件和视频教学资料等。

(2)建议学生3~4人为一个小组，各组独立完成相关的工作任务，并在教学完成后提交任务工作单。

工作任务一　进线间和建筑群子系统设计与施工

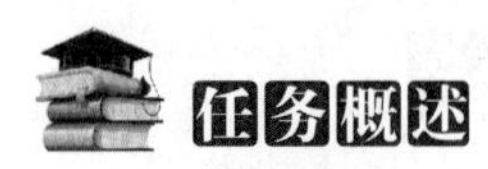

任务描述

从课程网站下载外场区 CAD 图纸，单独完成外场区管线图规划设计。

任务要求

1. 应知应会

(1)通过本工作任务的学习与具体实施，学生应学会下列知识：

①了解进线间和建筑群子系统设计原则；

②掌握地下管道布线法。

(2)学生应该掌握下列技能：

①掌握建筑群子系统的设计步骤；

②能绘制园区布线管道图；

③园区布线的施工。

2. 学习要求

(1)学生在上课前，应到本课程的网站中预习本工作任务的相关教学内容；

(2)本课程采用理实一体化的模式组织教学，学生在学习过程中，要注重理论与实践的结合，提高自己的动手能力；

(3)每个工作任务学习结束过程后，学生应独立完成任务工作单的填写。

相关知识

一、进线间

进线间是建筑物外部通信和信息管线的入口部位，并可作为入口设施和建筑群配线设备的安装场地。

依据 GB 50311—2007 国家标准，新建建筑必须设置进线间。进线间常设置在楼宇的电缆竖井或者是一楼设备间中。

1. 进线间设计

进线间设计应符合下面几个要求：

(1)建筑群主干电缆和光缆、公用网和专用网电缆、光缆及天线馈线等室外缆线进入建筑物时，应在进线间成端转换成室内电缆、光缆，并在缆线的终端处可由多家电信业务经营者设置入口设施，入口设施中的配线设备应按引入的电、光缆容量配置。

(2)电信业务经营者在进线间设置安装的入口配线设备应与 BD 或 CD 之间敷设相应的连接电缆、光缆，实现路由互通。缆线类型与容量应与配线设备相一致。

(3)外部接入业务及多家电信业务经营者缆线接入的需求，并应留有 2 ~4 孔的余量。

(4)进线间宜靠近外墙和在地下设置，以便于缆线引入。进线间设计应符合下列规定。

①进线间应与布线系统垂直竖井沟通。

②进线间应采用相应防火级别的防火门，门向外开，宽度不小于 1000mm。

③与进线间无关的管道不宜通过。

2. 施工

进线间施工要注意以下几个方面：

(1)进线间入口管道所有布放缆线和空闲的管孔应采取防火材料封堵，做好防水处理。

(2)进线间应设置防有害气体措施和通风装置，排风量按每小时不小于5次容积计算。

(3)进线间应防止渗水，宜设有抽排水装置。

(4)进线间如安装配线设备和信息通信设施时，应符合设备安装设计的要求。

二、建筑群子系统

建筑群子系统应由连接多个建筑物之间的主干电缆和光缆、建筑群配线设备(CD)及设备缆线和跳线组成。

建筑群常用的布线通道材料如表3-1所示。线缆一般选用单模/多模光纤；闭路电视一般选用单模光纤及同轴电缆；闭路电视监控系统一般选用单模光纤；电话常采用3类大对数，也可采用光缆。

建筑群布线通道材料　　表3-1

外观	名称	常用规格
	PVC管	DN 50mm DN 100mm
	碳素波纹管	DN 50mm DN 100mm DN 150mm DN 200mm
	双壁波纹管	DN 200mm DN 300mm DN 400mm DN 500mm
	单壁波纹管	DN 200mm DN 150mm DN 100mm

续上表

外　观	名　称	常用规格
	镀锌钢管	DN 50mm DN 100mm DN 150mm DN 200mm

一般来说，建筑群子系统布线通道常使用 PVC 管、碳素波纹管、单壁/双壁波纹管。如果对于机械强度有较高要求的场合可以使用热浸镀锌钢管。

1. 建筑群子系统设计

(1)建筑群子系统设计要点：

①CD 宜安装在进线间或设备间，并可与入口设施或 BD 合用场地；

②CD 配线设备内、外侧的容量应与建筑物内连接 BD 配线设备的建筑群主干缆线容量及建筑物外部引入的建筑群主干缆线容量相一致。

(2)建筑群子系统设计原则。建筑群子系统设计大致步骤为，需求分析、技术交流、图纸设计、设备材料统计。

①需求分析。需求分析阶段的主要工作任务是确定建筑群连接的业务需求，统计光缆、电缆的类型及数量。其次索取场区平面图，查看设计情况。

②技术交流。技术交流主要与业主或监理、其他安装工程负责人。交流的内容主要包括以下 4 点：

a. 给排水路径；

b. 强电路径；

c. 管道煤气(天然气)路径；

d. 建筑群布线方式。

为了美观及经济考虑，建筑群布线方式常采用地下管道布线方式。架空方式基本不采用；直埋方式最经济，但是后期维护比较困难，现在采用也比较少。布线工具如图 3-1 所示。

图 3-1　穿线器

一般来讲穿线器的规格有 50m、100m、150m、200m。

③图纸设计。依据 GB 50311—2007 国家标准，新建建筑物(群)必须有综合布线系统设计，通过与用户进行沟通交流，对原有设计进行优化即可。

在设计中，主干管道弯曲时的弯曲半径不宜小于 36m。同一段内不应有 S 形弯或者是 U 形弯。

a. 人(手)孔的位置设计一般遵循以下几个要点：

ⓐ进入建筑物前；

ⓑ管道分歧点；

ⓒ交叉路口；

ⓓ直线段每隔80~100m，最长不得超过150m；

ⓔ道路坡度较大的转折处。

b.在人(手)孔的规格设计时，需要有一定预留量，大体遵循以下规定：

ⓐ管孔不大于3孔的管道及防治落地式交接箱的位置，用手孔；

ⓑ管孔为4~8孔时用小号人孔；

ⓒ管孔为9~23孔时用中号人孔。

④设备材料统计。根据设计图纸及现场勘查，统计设备材料。布线管道考虑到敷设过程中的自然弯曲及进入建筑物的长度，一般来说总长度为$L_{管道}=(L_{实测值}\times1.02)+6$，其中1.02是自然弯曲系数，6m是进入建筑物预留及弯道处。

线缆长度计算一般以管道长度为基础，外加人(手)孔预留量、室内走线量。推算公式为，$L_{线缆}=(L_{管道}+2\times N+L_{室内})$，其中$N$为经过的人(手)孔总数，$L_{室内}$为室内缆线长度包括室内走线、端接、预留等，$L_{管道}$为室外管道计算长度。

统计完成后，填写学习情境二中的设备材料统计表。

2.施工

(1)布线通道敷设。布线通道敷设一般可委托土建单位施工，在布线通道敷设时，要注意以下几个方面：

①在管道中预先穿放钢丝用于首次布线；

②如采用镀锌金属管，切割处应打磨平滑；

③如采用镀锌钢管，焊接处不能完全焊透，避免焊渣进入到管内，最好使用机械连接；

④由人孔、手孔进入到进线间时，注意弯曲半径不能过小；

⑤布放管道前要有沙土垫层，不能直接敷设在硬质底。

(2)线缆敷设。在线缆敷设过程中，要做到以下几点：

①牵引方式布线，牵引端与线缆连接处要平滑、牢固；

②牵引时不能过度用力，避免损伤线缆，最好采取"一送一拉"的施工方式；

③牵引时候避免线缆打折；

④线缆每经过人(手)孔时，预留量一般为1.5m，要求盘卷后挂在孔壁上；

⑤线缆进入建筑物前的人(手)孔的预留量一般为2m；

⑥线缆每经过人(手)孔时，均应标记线缆，标记内容为线缆连接两端建筑物、线缆连接两端配线架；

⑦线缆在建筑物除配线端接外，应有余量，方便理线及后期维护，一般预留量为2m；

⑧线缆两端标记齐全。

任务实施

依据校园建筑群子系统设计图纸，参观校园网建筑群子系统。具体步骤如下：

(1)依据图纸找到相关设施。

(2)查看进线间。

(3)查看建筑物进线间前的人(手)孔。

(4)查看人(手)孔中的管道。

(5)查看线缆标记及预留量。

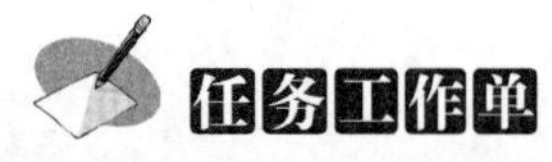

<table>
<tr><td rowspan="3">学习情境:外场区综合布线
工作任务:参观建筑群子系统</td><td>班级</td><td colspan="3"></td></tr>
<tr><td>姓名</td><td></td><td>学号</td><td></td></tr>
<tr><td>日期</td><td></td><td>评分</td><td></td></tr>
</table>

一、任务内容

依据校园建筑群子系统设计图纸,参观校园网建筑群子系统。

二、基本知识

1. 进线间设计要点与施工注意事项;
2. 建筑群设计要点;
3. 建筑群设计原则。

三、任务实施

1. 依据图纸找到相关设施;
2. 查看进线间;
3. 查看建筑物进线间前的人(手)孔;
4. 查看人(手)孔中的管道;
5. 查看线缆标记及预留量。

四、任务小结

通过此工作任务的实施,各小组集中完成下述工作:

1. 你认为本次实训是否达到预期目的,有哪些意见和建议?

2. 请选定一幢楼,根据图纸及现场测量,计算它到网络中心所用管道的长度。

3. 请选定一幢楼,根据图纸及现场测量,计算它到网络中心所用线缆的长度。

工作任务二　光纤（缆）端接

任务描述

（1）分组完成 8 芯光缆的熔接，并完成对应光纤配线架的安装，要求选用 SC 口耦合器。

（2）单独完成一根皮线光缆的冷接。

任务要求

1. 应知应会

（1）通过本工作任务的学习与具体实施，学生应学会下列知识：

①了解光缆端接的原理；

②了解光缆端接时使用的工具；

③了解光缆端接的过程。

（2）学生应该掌握下列技能：

①知道光缆端接的原理是什么；

②知道光缆端接需要的工具；

③知道光缆端接的过程。

2. 学习要求

（1）学生在上课前，应到本课程的网站中预习本工作任务的相关教学内容。

（2）本课程采用理实一体化的模式组织教学，学生在学习过程中，要注重理论与实践的结合，提高自己的动手能力。

（3）每个工作任务学习结束过程后，学生应独立完成任务工作单的填写。

相关知识

一、光纤的基本概念

1. 光纤的定义

光纤是光导纤维的简称，是一种利用光在玻璃或塑料制成的纤维中的全反射原理而实现光传导的工具。是宽带网络中多种传输媒介中最理想的一种，它的特点是传输容量大，传输质量好，损耗小，中继距离。

2. 光纤与光缆的区别

通常，光纤和光缆容易被混淆。多数光纤在使用前必须由几层保护结构包覆，包覆后的缆线即被称为光缆，如图 3-2 所示。光纤外层的保护结构可防止周遭环境对光纤的伤害，如水、火、电等。光缆有纤芯、包层、涂覆层组成。它的外形与同轴电缆相似，只是没有网状屏蔽层。最中心是纤芯，纤芯有玻璃芯组成，光就通过玻璃芯传播，如图 3-3 所示。

光缆其实就是由光纤和光纤保护层组成，一根光缆可有多根光纤组成，也就成为我们所说的 4 芯光缆、6 芯光缆或者 12 芯光缆。数据交换至少需要 2 根芯纤，一个芯纤用于发送数据，另一个用来接收数据。如果有 12 芯的光缆就可以组成 6 组数据交换线路，也就是说可以连接到 6 个不同的地方。

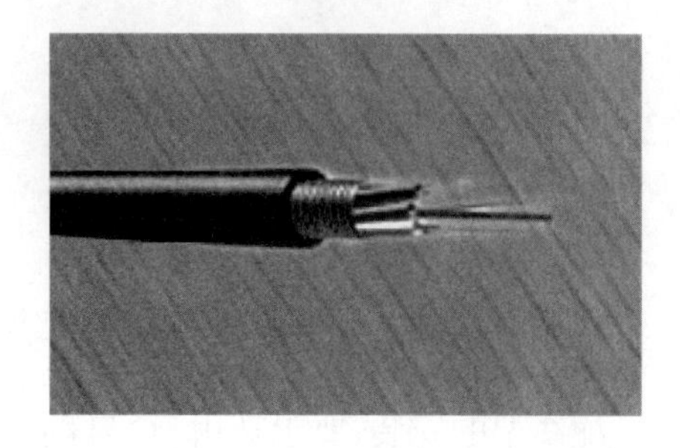

图 3-2 光缆

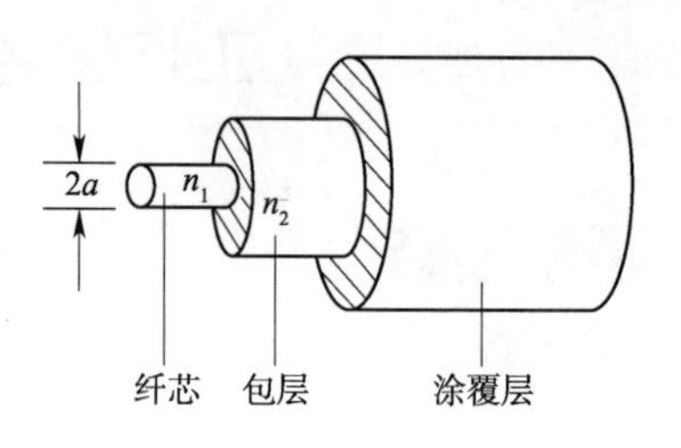

图 3-3 光缆的结构

3. 光纤的分类

光纤按照不同的标准,可分为不同的种类,通常是按照以下几种标准来进行划分的。

(1)依照光在光纤中的传输模式可分为:单模光纤(Single Mode Fiber,SMF)和多模光纤(Multi - Mode Fiber,MMF)。

①单模光纤是指只能传输一种模式的光纤,一般情况下纤芯直径为 9 ~ 10μm,单模光纤的要求较高,对光源的谱宽有一定的要求(也就是要求谱宽要窄,稳定性要好),如图 3-4 所示。

单模光纤芯的直径为 8 ~ 10μm,大致与人的头发丝的粗细相当。单模光纤的颜色为黄色。

②多模光纤是指它可以传输多种模式的光,如图 3-5 所示。它的纤芯直径一般为 50 ~ 62.5μm。由于光在传输的过程中存在光的色散,而且是在多模的情况下,所以模间光的色散较大,从而影响了载在光波上的数字信号的频率,进而对传输的距离产生了限制。

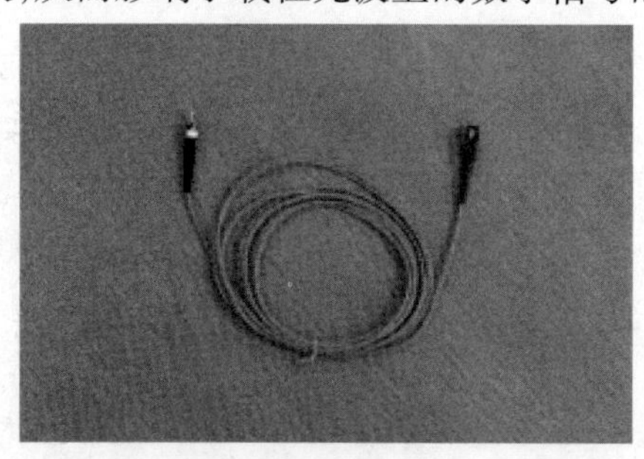

图 3-4 单模光纤

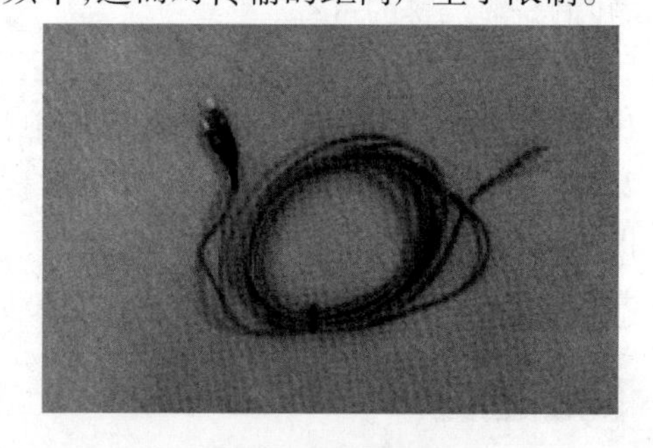

图 3-5 多模光纤

(2)按最佳传输频率可分为:常规型单模光纤和色散位移型单模光纤。对于常规型,就是通常所说的把某光纤的最佳传输频率锁定在单一波长的光上;对于色散位移型,是指光纤的生产商把光纤的传输频率最佳化在两个波长的光上。

(3)按折射率分布情况可分为:突变型光纤和渐变型光纤。突变型光纤是指纤芯到硅玻璃包层的折射率是突变的。这种光纤的成本低,模间色散高,一般适用于短途低速通信,通常,单模光纤采用的是突变型的。而我们下面所说的渐变型光纤,恰恰与突变型光纤相反,光纤中心芯到硅玻璃包层的折射率是逐渐变小的,这样可使高模上的光按正弦波状来传输,一般来说,现在所用的多模光纤为渐变型光纤。

4. 光纤的技术指标

(1)频带宽。频带的宽窄代表传输容量的大小。载波的频率越高,可以传输信号的频带宽度就越大。在 VHF 频段,载波频率为 48.5 ~ 300MHz,带宽约 250MHz,只能传输 27 套电视和几十套调频广播。光的频率可达100 000GHz,比 VHF 频段高出 100 多万倍。尽管光纤对不同频率的光有不同的损耗,使频带宽度受到影响,但在最低损耗区的频带宽度也可达 30 000GHz。目前单个光源的带宽只占了其中很小的一部分(多模光纤的频带有几百兆赫,好的单模光纤可达10GHz以上)，采用先进的相干光通信可以在30 000GHz范围内安排2 000个光载波，进行波分复用，可以容纳上百万个频道。

(2)损耗低。在同轴电缆组成的系统中，最好的电缆在传输800MHz信号时，每公里的损耗都在40dB以上。相比之下，光导纤维的损耗则要小得多，传输1.31μm的光，每千米损耗在0.35dB以下若传输1.55μm的光，每千米损耗更小，可达0.2dB以下。这就比同轴电缆的功率损耗要小1亿倍，使其能传输的距离要远得多。此外，光纤传输损耗还有两个特点：

①在全部有线电视频道内具有相同的损耗，不需要像电缆干线那样必须引入均衡器进行均衡；

②其损耗几乎不随温度而变，不用担心因环境温度变化而造成干线电平的波动。

(3)质量轻。因为光纤非常细，单模光纤芯线直径一般为4～10μm，外径也只有125μm，加上防水层、加强筋、护套等，用4～48根光纤组成的光缆直径还不到13mm，比标准同轴电缆的直径47mm要小得多，加上光纤是玻璃纤维，比重小，使它具有直径小、质量轻的特点，安装十分方便。

(4)抗干扰能力强。因为光纤的基本成分是石英，只传光，不导电，不受电磁场的作用，在其中传输的光信号不受电磁场的影响，故光纤传输对电磁干扰、工业干扰有很强的抵御能力。也正因为如此，在光纤中传输的信号不易被窃听，因而利于保密。

(5)保真度高。因为光纤传输一般不需要中继放大，不会因为放大引入新的非线性失真。只要激光器的线性好，就可高保真地传输电视信号。

(6)工作性能可靠。一个系统的可靠性与组成该系统的设备数量有关。设备越多，发生故障的机会越大。因为光纤系统包含的设备数量少(不像电缆系统那样需要几十个放大器)，可靠性自然也就高，加上光纤设备的寿命都很长，无故障工作时间达50万～75万h，其中寿命最短的是光发射机中的激光器，最低寿命也在10万h以上。一个设计好、正确安装调试的光纤系统的工作性能是非常可靠的。

(7)成本不断降低。

5. 光纤常用设备与器材

光纤常用设备与器材，如表3-2所示。

光纤的常用设备与器材 表3-2

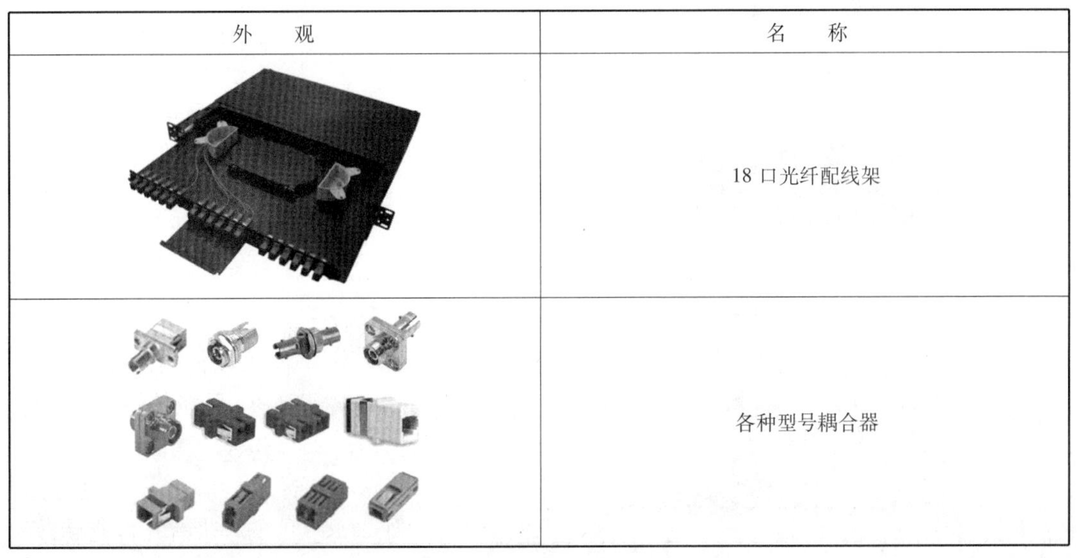

外　观	名　称
	18口光纤配线架
	各种型号耦合器

续上表

外　观	名　称
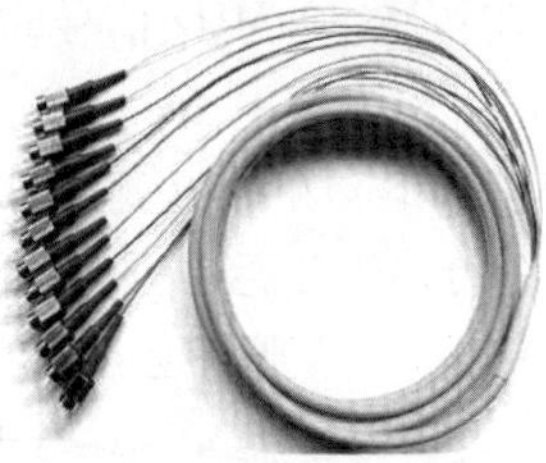	12芯单模尾纤
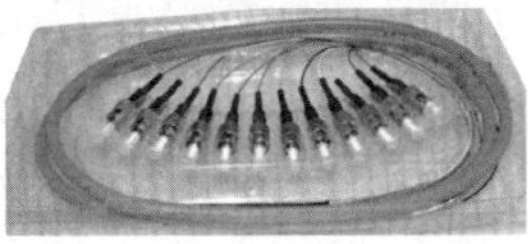	12芯多模尾纤
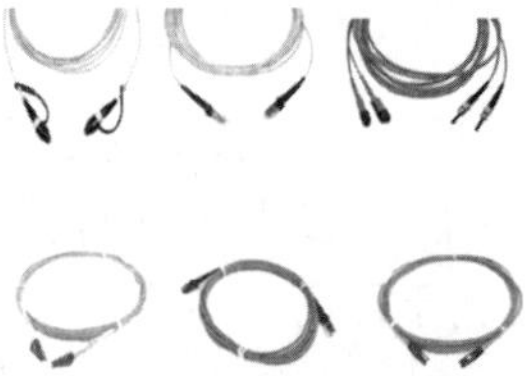	单模光纤跳线 多模光纤跳线
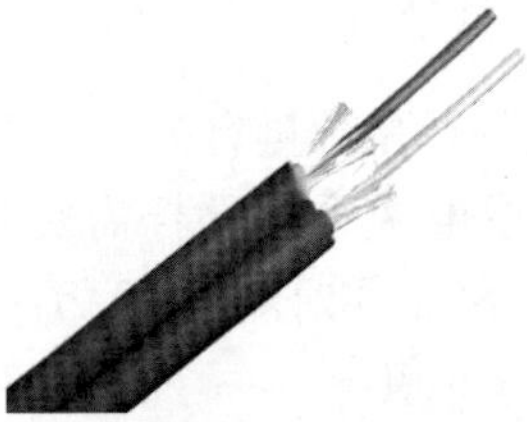	室内双芯多模光缆
	室内4芯单模光缆
	光纤皮线 （皮线光纤）
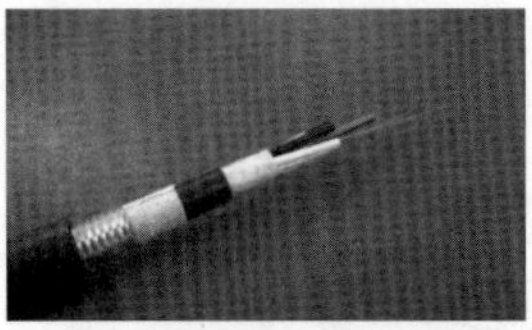	室外光缆
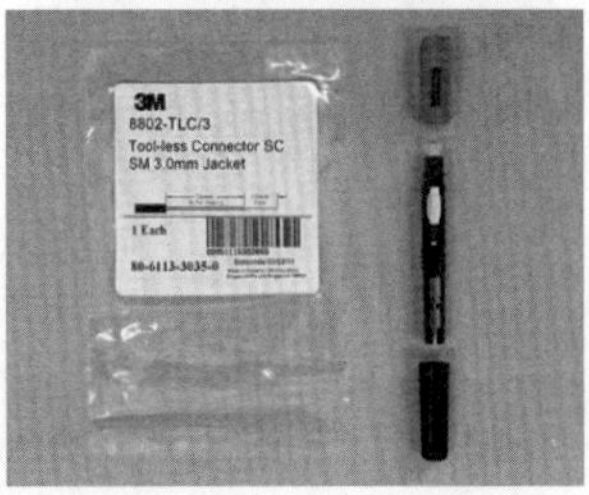	冷接头

二、光缆的端接

1. 尾纤的熔接

光纤熔接技术主要是用熔纤机将光纤和光纤或光纤和尾纤连接，把光缆中的裸纤和光纤尾纤熔合在一起变成一个整体，而尾纤则有一个单独的光纤头。通过与光纤收发器连接，将光纤和双绞线连接，接到信息插座。

(1)基本耗材和工具有以下几种：

①光纤熔接机。普通光纤熔接机一般是指单芯光纤熔接机，除此之外，还有专门用来熔接带状光纤的带状光纤熔接机，熔接皮线光缆、跳线的皮线熔接机和熔接保偏光纤的保偏光纤熔接机等，如图 3-6 所示。

图 3-6　光纤熔接机

②光纤切割刀。光纤切割刀用于切割像头发一样细的光纤，切好光纤经数百倍放大后观察仍是平整的，才可以放电熔接。光纤的材料一般为石英，所以对光纤切割刀的刀片材质是有要求的。适应光纤：单芯或多芯石英裸光纤。适应光纤包层：100 ~ 150um 直径，如图 3-7 所示。

光纤切割刀刀片一般有 16 个点，每个点可以使用 1000 ~ 2000 次。采用超细晶粒 WC - Co 粉低压制烧结，具有硬度高、强度高、耐磨性好、刃口锋利等特点。采用低压烧结的产品内部金相组织致密性好，有效地减少了合金中的显微孔隙，避免刃口在精磨及使用过程中发生崩刃的现象，提高切割截面的光洁度。光纤切割刀刃口研磨要求极高，一般要求自动化程度高的精密光学磨床精磨刃口，这样精磨出来的刃口才会锋利无崩刃卷刃现象的优点。刃口要求加工精度高，光洁度高达到镜面效果（$Ra \geq 0.012$），被切割光纤截面平整、光滑，无毛刺现象。

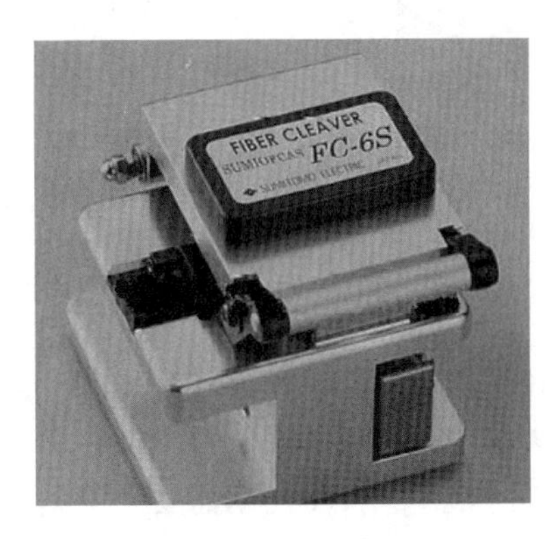

图 3-7　光纤切割刀及刀片

③热缩套管。热缩套管，用于保护熔接好的光纤。光纤用热缩套管中有钢芯，防止热缩套管被弯折，破坏了其中的光纤，如图 3-8 所示。

热缩套管经特殊设计而成，提高光纤熔接点的机械强度，确保熔接的可靠性；不影响光纤的光学传输特性；使用方法简便安全，减少使用时对光纤造成不良影响的危险；采用透明套管，可以随时监控光纤熔接情况；内部完全密封，使熔接点具有良好的耐高温高湿性能工作温度 -55 ~ 105℃，收缩温度在 90 ~ 120℃。

④尾纤。尾纤分为多模尾纤和单模尾纤。多模尾纤为橙色,波长为850nm,传输距离为500m,用于短距离互联。单模尾纤为黄色,波长有1310nm和1550nm两种,传输距离分别为10km和40km。传输系统常用的尾纤接口有SC(SC方形卡接头)、FC(FC圆形螺纹头)、LC(LC方形卡接头)、ST(ST圆形卡接头),如图3-9所示。

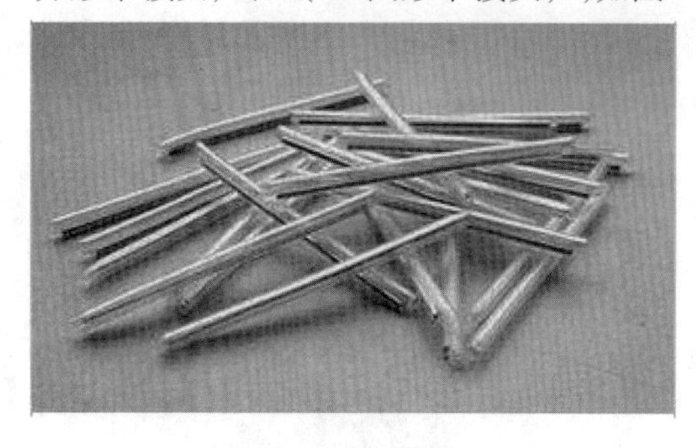

图3-8 热缩套管

图3-9 光纤尾纤

⑤无水酒精、无尘纸。通常将光纤切割完成和我们需要用无尘纸(可用棉球代替)粘上少许无水酒精清洗切割好的光纤。为了方便取用无水酒精通常我们会将无水酒精装入酒精泵中使用,如图3-10所示。

(2)光缆剥线工具。

光纤剥线钳是用来剥除尾纤表皮与光纤皮线涂覆层的工具,通常我们用它来完成尾纤维的剥线工作,如图3-11所示。

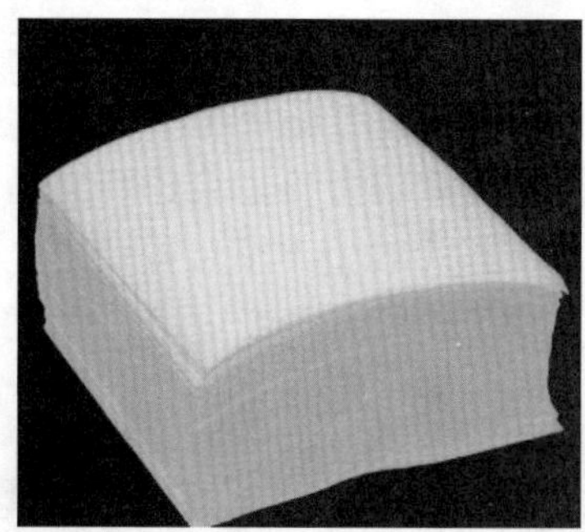

图3-10 无水酒精泵与无尘纸

图3-11 光纤剥线钳

(3)熔接步骤如下。

①光缆的剥纤与切割:

a. 剥纤:剥开光纤的外部保护层,剪断纺伦层;手持剥线钳与内芯线成45°角,力度适中,剥开光纤的最后一层保护——涂覆层,剥除涂覆层后检查光纤是否受损,我们可以用手指轻微地来回拨动剥好的裸纤,如没有出现断裂说明剥除成功,反之则需要冲洗剥纤。如果是完整的光缆,则需要先剥除外部的保护层、剪断钢丝和填充物。

b. 套入热缩套管:将剥好光纤穿过热缩管。剥去涂抹层的光缆很脆弱使用热缩套管,可以保护光纤接头(熔接的2根光纤只需要套入一根热缩套管)。

c. 清洁裸纤:将无尘纸(或棉花)撕成面平整的小块,粘少许酒精,夹住已经剥覆的光纤,顺光纤轴向擦拭,用力要适度。

d. 裸纤的切割:首先清洁切刀和调整切刀位置,切刀的摆放要平稳,将光纤放入切割槽内进行切割。切割时,动作要自然,平稳,勿重,勿轻。避免断纤、斜角、毛刺及裂痕等不良端面产生，切割完成后需立即清理切割刀中的废纤以便下次使用，如图 3-12 所示。

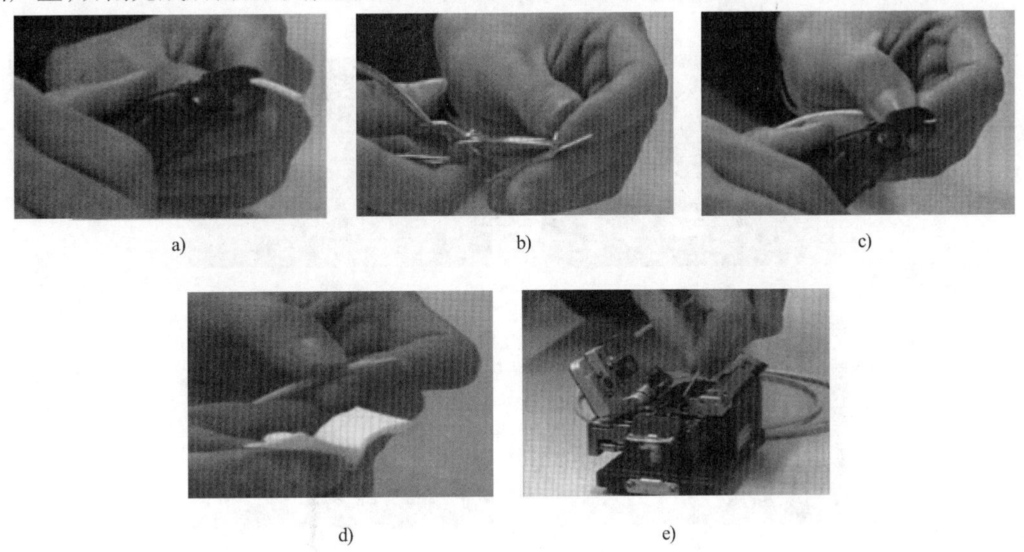

图 3-12　光缆的剥线与切割

a)剥开外套层；b)剪断纺伦保护；c)剥除最后的保护层；d)用沾有酒精的无尘纸清洁光纤；e)光纤切割刀进行切割

②光纤的熔接步骤如下：

a. 打开熔接机：熔接机需要打开熔接机电源，选择合适的熔接方式。熔接机的供电电源有直流和交流两种，要根据供电电流的种类来合理开关。每次使用熔接机前，应使熔接机在熔接环境中放置至少 15min。根据光纤类型设置熔接参数、预放电时间、时间及主放电时间、主放电时间等。如没有特殊情况，一般选择用自动熔接程序。

b. 光纤放入熔接槽：将切割好的光纤放在熔接机的 V 形槽中，小心压上光纤压板和光纤夹具，要根据光纤切割长度设置光纤在压板中的位置，关上防风罩，按熔接键就可以自动完成熔接，在熔接机显示屏上会显示估算的损耗值。（如损耗值显示不合格将重复剥纤、切割等步骤重新熔接）

c. 移出光纤，在光纤熔接处套上事先穿好的热熔套管，使熔接处正好位于套管中央用熔接机加热炉加热。熔接就算完成了，完成后有需要的话还可以测试光缆线路有无故障，如图 3-13 所示。

2. 光纤的冷接

（1）光纤冷接子。用于光纤对接光纤或光纤对接尾纤，这个就相当于做接头，（光纤对接尾纤是指光纤与尾纤的纤芯对接而不是前者说的尾纤头），用于这种冷接续的东西称为光纤冷接子。

光纤冷接子是两根尾纤对接时使用的，它内部的主要部件就是一个精密的 V 型槽，在两根尾纤拨纤之后利用冷接子来实现两根尾纤的对接。它操作起来更简单快速，比用熔接机熔接省时间。

（2）光纤冷接子的优点有以下几点：

①结构上采用非预埋光纤式结构。器件内部无预埋光纤及匹配膏，光纤安装夹紧后，可用放大镜对光纤端面进行检查，可避免光纤连接损耗偏大情况出现。轴向带定位机构，夹紧过程中，光纤不会轴向前移。

②光纤夹紧的可靠性非常好。光纤夹持元件均采用弹性金属材料制造，不存在塑料元

件的老化问题;温度变化对光纤夹持力几乎无影响;另外,器件内部带防松机构,器件抗振动,抗跌落性能都非常好。

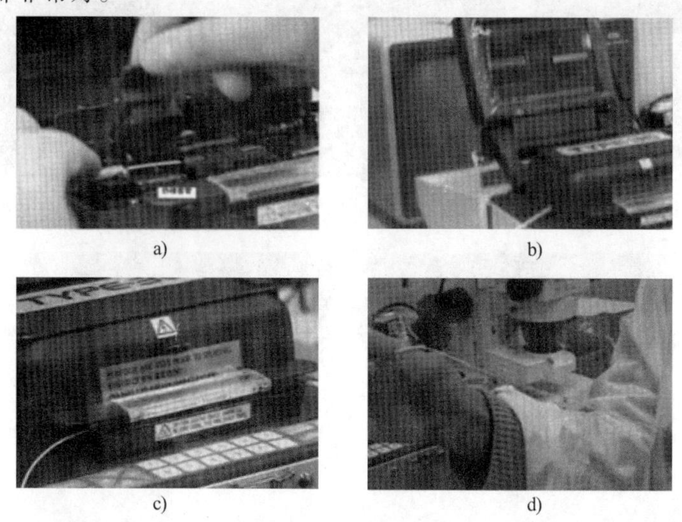

图 3-13　光缆的熔接

a)将处理完成的光纤放入熔接机 V 型槽中;b)小心压上光纤压板和光纤夹具,关上防风罩,设置好参数,开始熔接;c)安装热缩套管;d)完成熔接的光纤

③接续的稳定性好。光纤对接处有轴向贴紧力,光纤对接时,两光纤端面间隙几乎为零,所以连接损耗常常≤0.3dB,甚至≤0.1dB 的情况也常出现;由于不使用光纤匹配膏,不存在光纤匹配膏的流失,污染以及老化问题;另外光纤夹紧的可靠性非常好也决定了接续的稳定性非常好。

④插入损耗小。由于器件按非预埋光纤式结构设计,光纤对接点只有一个,所以,连接损耗一般小于现有光纤快速连接器。

⑤光纤快速接续连接器在线抗拉力对连接损耗无影响。器件承受的轴向拉力,直接作用于器件的壳体上,连接器的陶瓷插针不受拉力,不影响光纤对接效果,所以对连接损耗无影响。

⑥使用成本很低。器件的制造成本较低,所以售价较低;而且安装非常简单,几乎不需要专用施工工具,就能完成安装。随着光纤到户(FTTH)的逐渐实施,性能优良,使用成本很低的产品必然是市场的主流。

⑦使用维护性好。安装维护非常简单,不管是施工人员,还是用户,只需进行简单指导或阅读《安装说明书》,使用光纤施工的常用工具就能完成安装维护。

⑧安装速度非常快。器件带特有的光纤导向机构,穿光纤非常快速方便,如果对裸纤施工,不到 10s 即可完成光纤定位夹紧,包括对光缆进行压接,一般在 30s 左右(除光纤准备时间)可完成安装。

(3)光纤冷接子的制作过程如下:

①制作工具。制作光纤冷接子的剥纤步骤与光纤熔接的步骤大致相同。所使用的工具有:光纤冷接子连接器、光纤剥线钳、光纤切割夹具、光纤切割刀、无水酒精、无尘棉等,如图 3-14 所示。

②制作过程如下:

a. 拆开光纤冷接子连接器(注意保留包装袋),连接器由 3 部分组成,连接器主体、连接器外壳、连接器尾帽 。将光纤皮线穿过连接器的尾帽当中,如图 3-15 所示。

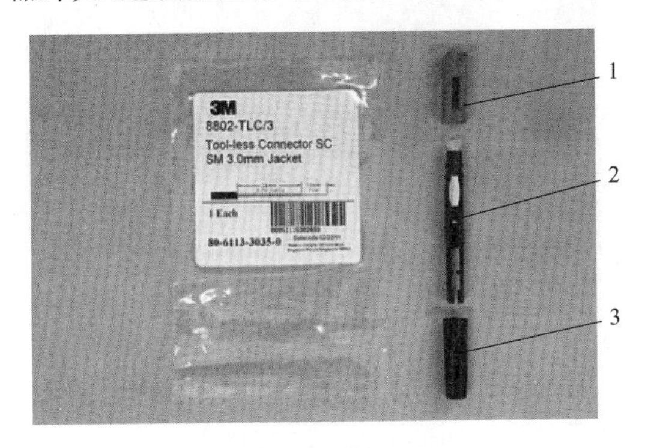

图 3-14　连接器的组成

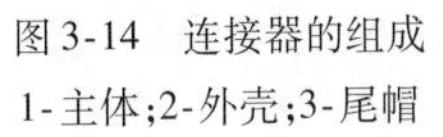

1-主体;2-外壳;3-尾帽

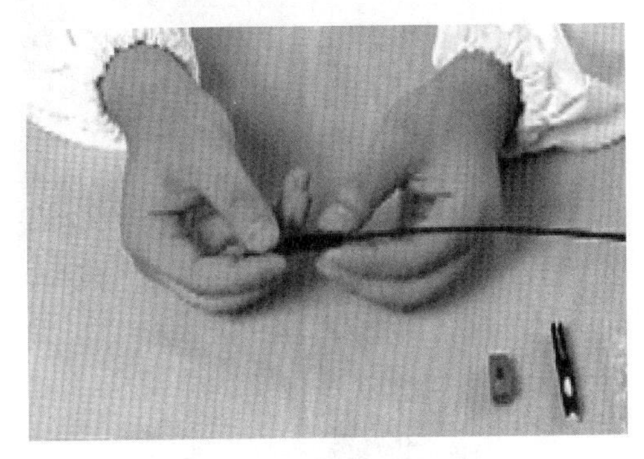

图 3-15　将光纤皮线套入连接器的尾帽当中

b. 用剪刀剥除光纤皮线的外皮,剥除距离大概 6cm 左右,如图 3-16 所示。

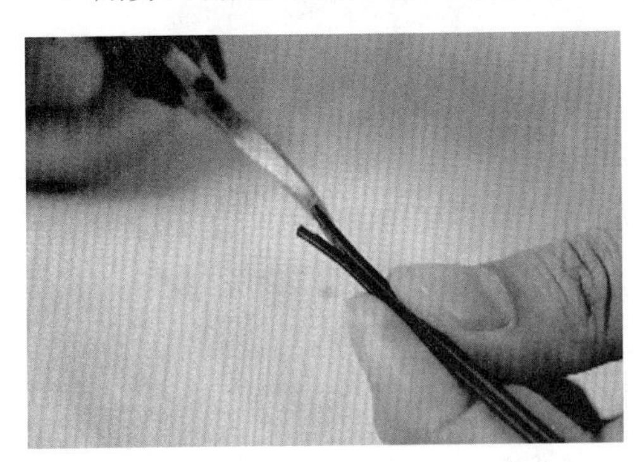

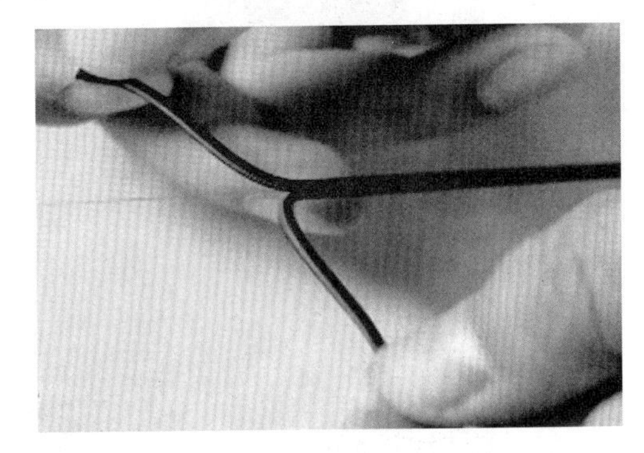

图 3-16　剥除光纤皮线外皮

c. 剪去剥除的两侧外皮,在剪除两侧外皮时要注意尽量保持齐平以保证更好的后续安装,如图 3-17 所示。

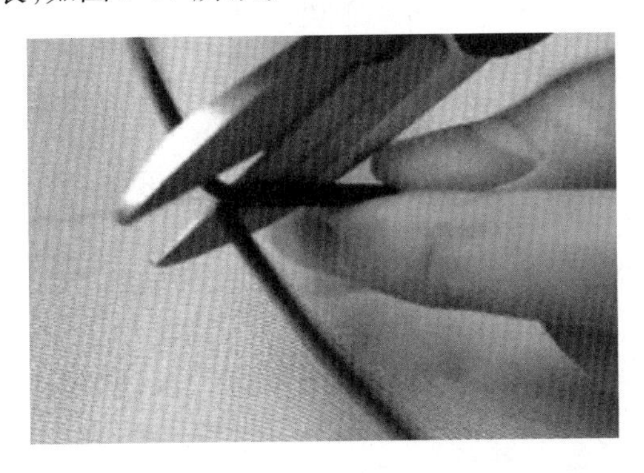

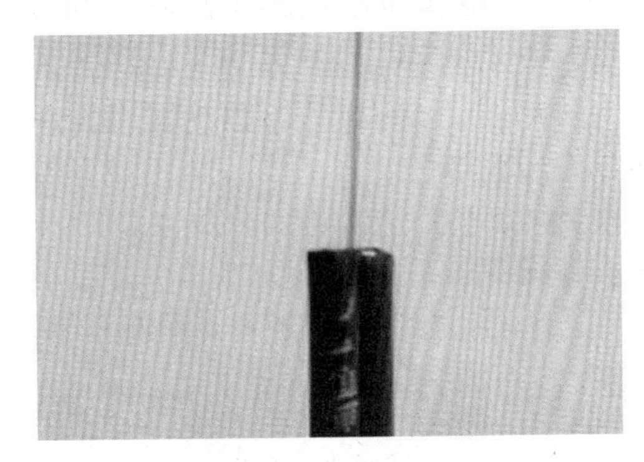

图 3-17　剪去剥除的外皮,两侧外皮需尽量保持齐平

d. 将剪除外皮的光纤皮线放入光纤切割夹具当中,剪去外皮末端应与夹具中的画线对齐,夹好夹具,如图 3-18 所示。

e. 用米勒钳(或光纤剥线钳)由夹具顶端开始对光纤的涂覆层进行剥除,并用占有酒精的无尘纸(或棉花)清洁光纤的裸纤部分,如图 3-19 所示。

f. 将清洁好光纤的夹具放入光纤切割刀中,调整好位子进行切割。光纤切割好后取出,将切割好的光纤与包装带上的图标进行对比,确认是否符合长度,如图 3-20 所示。

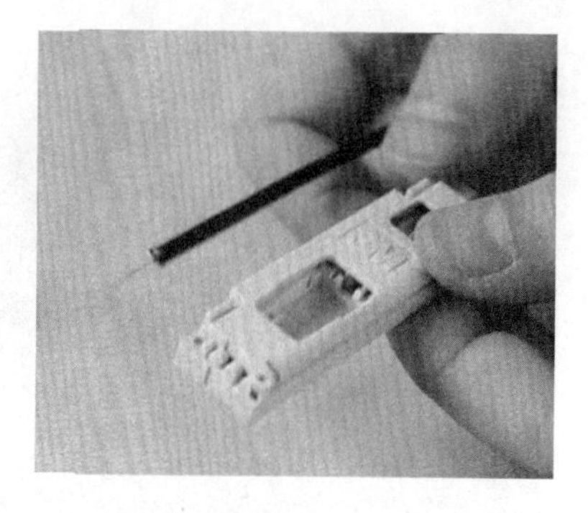

图 3-18　将光缆放入夹具中并扣好夹具(注:外皮的边缘要与夹具中的画线对齐)

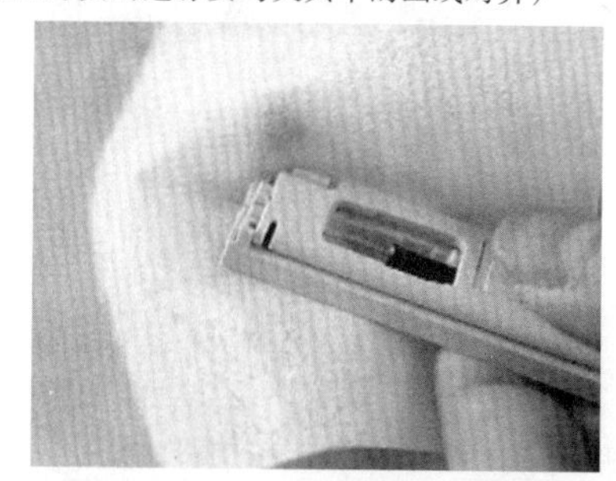

图 3-19　用米勒钳除去光纤的涂覆层并用占有酒精的无尘纸清洁光纤

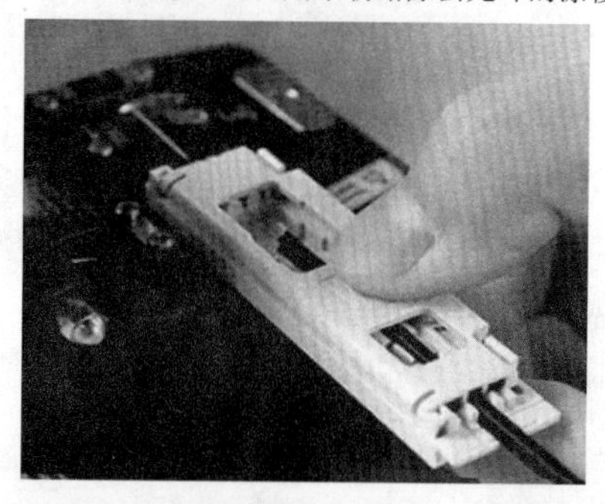

图 3-20　将夹具放入切割刀中进行切割并将切割好的光纤与包装袋上的图示进行对比确认是否符合长度

g. 确认长度无误后,将切割好的光纤插入连接器的主体,当光纤外皮到达连接器尾部时可以感觉到光纤已经插入到底,此时我们可以将光纤再稍微往前推一点直到连接器中的光纤呈现稍微弯曲形状。保持弯曲将主体上的白色按压盖按压到底,释放光纤的弯曲处保持平直,将尾帽套上连接器主体旋紧。套入外壳,外套上的空槽应该与主体压接盖的的方向一致。这样一根光纤冷接子连接器的连接就制作完成了,如图 3-21 ~ 图 3-24 所示。

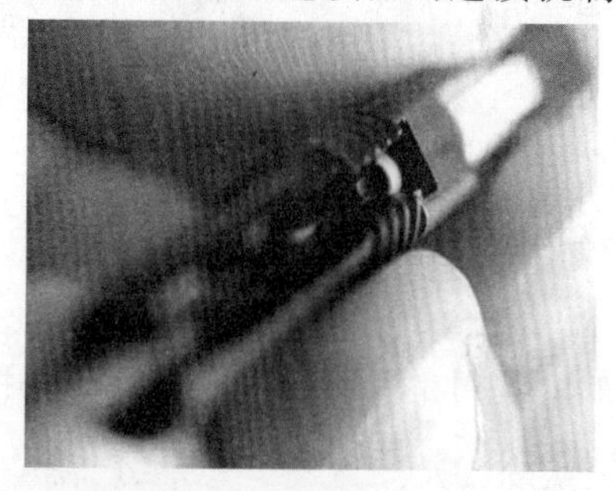

图 3-21　将切割好的光纤插入连接器的主体

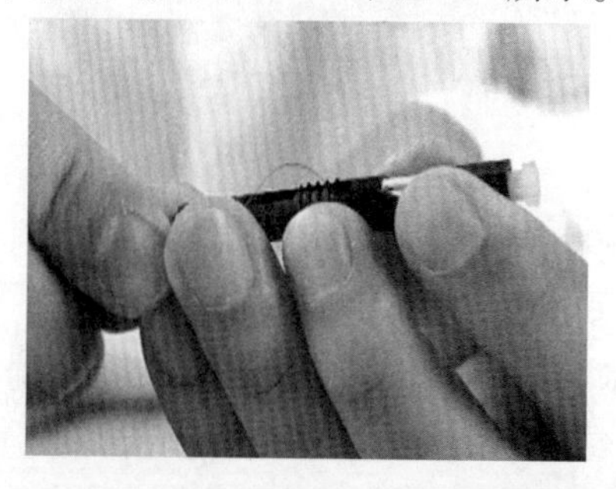

图 3-22　光纤外皮到达连接器尾部时可以看到光纤将呈现弯曲形状

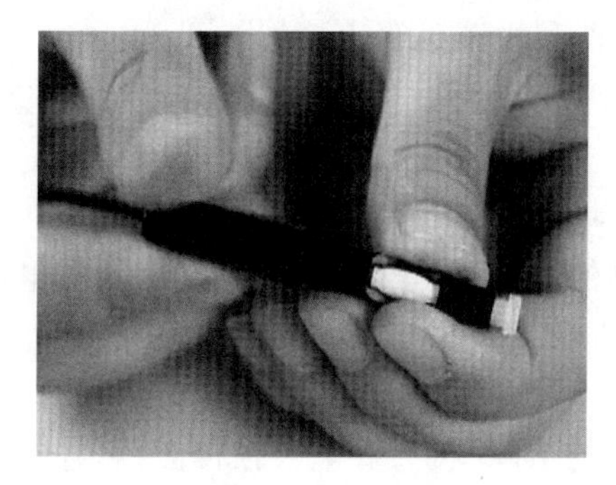

图 3-23　保持弯曲将主体上的按压盖按压到底，释放光纤的弯曲处保持平直，将尾帽套上连接器主体旋紧

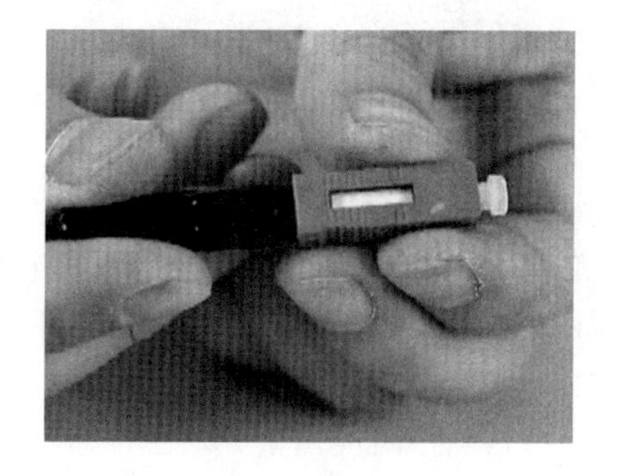

图 3-24　套入外壳，外套上的空槽应该与主体压接盖的的方向一致

3. 光缆与光纤配线架的连接

（1）光纤配线架。光纤配线架又叫光纤终端盒，光纤配线架是高密度，大容量设计，它具有外形美观大方，分配合理，便于查找，管理容易，安装方便及良好的操作性等特点。光纤配线架主要分为：FC 型光纤配线架、SC 型光纤配线架、LC 型光纤配线架、ST 型光纤配线架。

①光纤配线架的作用（以 24 口光纤配线架为例）。24 口光纤配线架是光传输系统中一个重要的配套设备，它主要用于光缆终端的光纤熔接、光连接器安装、光路的调接、多余尾纤的存储及光缆的保护等，它对于光纤通信网络安全运行和灵活使用有着重要的作用。过去 10 多年里，光通信建设中使用的光缆通常为几芯至几十芯，24 口光纤配线架的容量一般都在 100 芯以下，这些 24 口光纤配线架越来越表现出尾纤存储容量较小、调配连接操作不便、功能较少、结构简单等缺点。现在光通信已经在长途干线和本地网中继传输中得到广泛应用，光纤化也已成为接入网的发展方向。各地在新的光纤网建设中，都尽量选用大芯数光缆，这样就对 24 口光纤配线架的容量、功能和结构等提出了更高的要求。

②24 口光纤配线架的特点。近年来，在光通信建设的实际工作中，通过对几种产品的使用比较，我们认为 24 口光纤配线架的选型应重点考虑以下几个方面。

a. 纤芯容量：一个 24 口光纤配线架应该能使局内的最大芯数的光缆完整上架，在可能的情况下，可将相互联系比较多的几条光缆上在一个架中，以方便光路调配。同时配线架容量应与通用光缆芯数系列相对应，这样在使用时可减少或避免由于搭配不当而造成 24 口光纤配线架容量浪费。

b. 功能种类：24 口光纤配线架作为光缆线路的终端设备应具有 4 项基本功能。

ⓐ固定功能：光缆进入机架后，对其外护套和加强芯要进行机械固定，加装地线保护部件，进行端头保护处理，并对光纤进行分组和保护。

ⓑ容接功能：光缆中引出的光纤与尾缆熔接后，将多余的光纤进行盘绕储存，并对熔接接头进行保护。

ⓒ调配功能：将尾缆上连带的连接器插接到适配器上，与适配器另一侧的光连接器实现光路对接。适配器与连接器应能够灵活插、拔；光路可进行自由调配和测试。

ⓓ存储功能：为机架之间各种交叉连接的光连接线提供存储，使它们能够规则整齐地放置。24 口光纤配线架内应有适当的空间和方式，使这部分光连接线走线清晰，调整方便，并能满足最小弯曲半径的要求。

随着光纤网络的发展，24 口光纤配线架现有的功能已不能满足许多新的要求。有些厂家将一些光纤网络部件如分光器、波分复用器和光开关等直接加装到24口光纤配线架上。这样,既使这些部件方便地应用到网络中,又给24口光纤配线架增加了功能和灵活性。

(2)耦合器。光纤耦合器(Coupler)又称分歧器(Splitter)、连接器、适配器、法兰盘是用于实现光信号分路/合路,或用于延长光纤链路的元件,属于光被动元件领域,在电信网路、有线电视网路、用户回路系统、区域网路中都会应用到。

按照耦合的光纤的不同有如下分类:

①SC光纤耦合器:应用于SC光纤接口,它与RJ45接口看上去很相似,不过SC接口显得更扁些,其明显区别还是里面的触片,如果是8条细的铜触片,则是RJ45接口,如果是一根铜柱则是SC光纤接口。

②LC光纤耦合器:应用于LC光纤接口,连接SFP模块的连接器,它采用操作方便的模块化插孔闩锁机理制成。通常在路由器上经常用到。

③FC光纤耦合器:应用于FC光纤接口,外部加强方式是采用金属套,紧固方式为螺丝扣。

④ST光纤耦合器:应用于ST光纤接口,常用于光纤配线架,外壳呈圆形,紧固方式为螺丝扣。

4. 光纤配线架的安装

光纤配线架分3部分:

(1)前面板:主要负责安装光纤耦合器。

(2)配线架主体:主要负责固定光缆,整理光纤。

(3)防尘盖:用来阻挡灰尘。

我们取出光纤配线架前面板,将ST光纤耦合器安装在面板上(耦合器有ST与SC等几种,应和光纤配线架配合使用),如图3-25所示。

安装完成光纤耦合器后,将安装好光纤耦合器的面板装入光纤配线架的主体中,配线架两端用螺钉固定好,如图3-26所示。

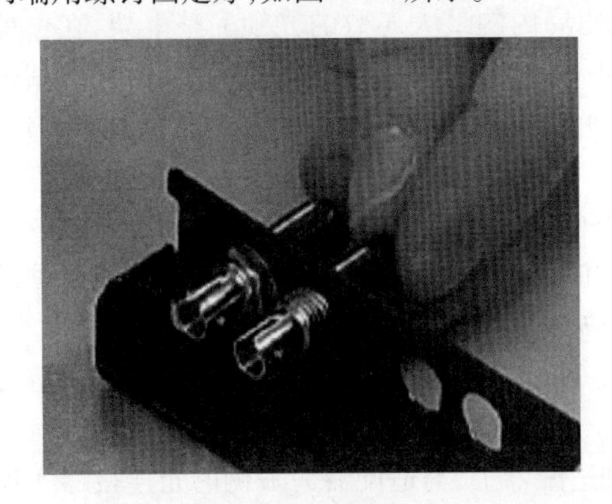

图3-25 将ST光纤耦合器装入配线架面板

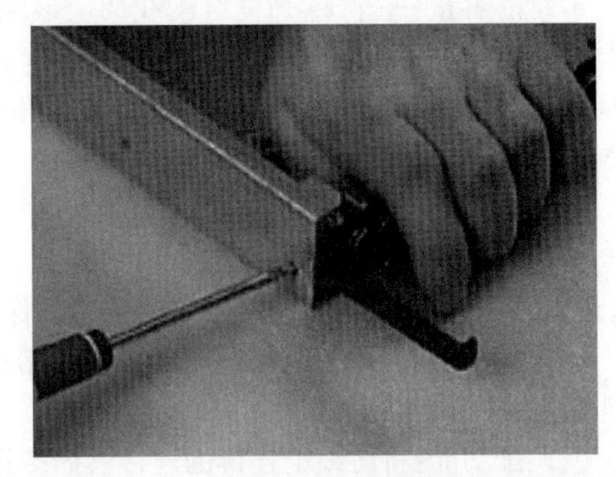

图3-26 将安装好ST耦合器的配线架面板与配线架主体连接,用螺丝固定两端

在光纤配线架主体中安装用来盘纤的塑料卡具(有的光纤配线架已经集成了盘纤用的卡具可以忽略这一步),如图3-27所示。

将已经剥好外皮的光缆从后方插入光纤配线架中,剥好外皮的光缆段应完全进入光纤配线架内部。在光纤配线架后方用扎带固定未剥除外皮的光缆(有些光纤配线架上配有专门用来固定光缆用的配件),如图 3-28 所示。

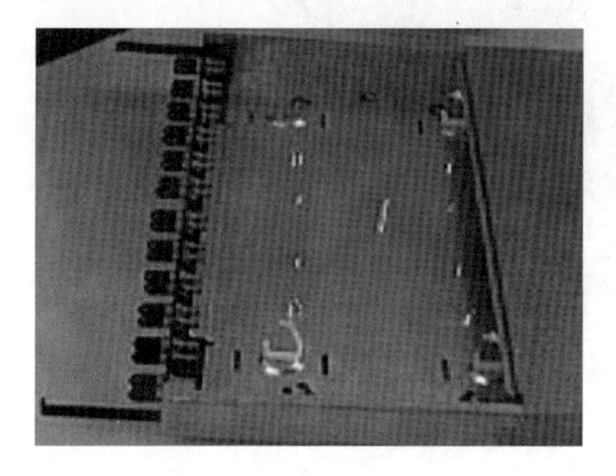

图 3-27 安装盘纤用的卡具

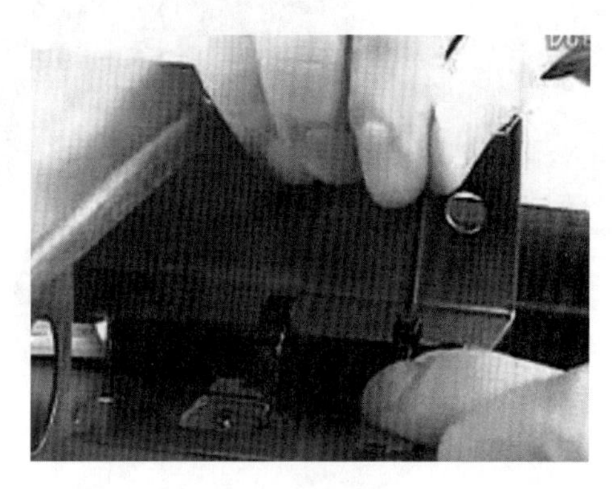

图 3-28 将光缆从光纤配线架的后方插入后用扎带固定光缆

当固定好光缆后,我们就可以开始熔接光纤接头。熔纤完成后我们需要整理光纤,这时我们需要用到盘纤这个方法。

①盘纤规则如下:

a. 沿松套管或光缆分枝方向为单位进行盘纤,前者适用于所有的接续工程;后者仅适用于主干光缆末端,且为一进多出。分支多为小对数光缆。该规则是每熔接和热缩完一个或几个松套管内的光纤,或一个分支方向光缆内的光纤后,盘纤一次。优点:避免了光纤松套管间或不同分枝光缆间光纤的混乱,使之布局合理,易盘、易拆,更便于日后维护。

b. 以预留盘中热缩管安放单元为单位盘纤,此规则是根据接续盒内预留盘中某一小安放区域内能够安放的热缩管数目进行盘纤。例如 GLE 型桶式接头盒,在实际操作中每 6 芯为一盘,极为方便。优点:避免了由于安放位置不同而造成的同一束光纤参差不齐、难以盘纤和固定,甚至出现急弯、小圈等现象。

c. 特殊情况的处理,如个别光纤过长或过短时,可将其放在最后单独盘绕;带有特殊光器件时,可将其另盘处理,若与普通光纤共盘时,应将其轻置于普通光纤之上,两者之间加缓冲衬垫,以防挤压造成断纤,且特殊光器件尾纤不可太长。

②盘纤的方法如下:

a. 先中间后两边,即先将热缩后的套管逐个放置于固定槽中,然后再处理两侧余纤。优点:有利于保护光纤接点,避免盘纤可能造成的损害。在光纤预留盘空间小,光纤不易盘绕和固定时,常用此种方法。

b. 以一端开始盘纤,即从一侧的光纤盘起,固定热缩管,然后再处理另一侧余纤。优点:可根据一侧余纤长度灵活选择安放位置,方便、快捷,可避免出现急弯、小圈现象。

c. 特殊情况的处理,如个别光纤过长或过短时,可将其放在最后单独盘绕;带有特殊光器件时,可将其另盘处理,若与普通光纤共盘时,应将其轻置于普通光纤之上,两者之间加缓冲衬垫,以防挤压造成断纤,且特殊光器件尾纤不可太长。

d. 根据实际情况,采用多种图形盘纤。按余纤的长度和预留盘空间大小,顺势自然盘绕,切勿生拉硬拽,应灵活地采用圆、椭圆、“CC”、“~”多种图形盘纤(注 R≥4cm),尽可能最大限度利用预留盘空间和有效降低因盘纤带来的附加损耗,如图 3-29 所示。

图 3-29　盘纤

盘纤完成后我们将熔接好的接头根据需要插入对应的光纤耦合器中，盖上光纤配线架的防尘盖，完成光纤配线架的安装，如图 3-30、图 3-31 所示。

图 3-30　将熔接好的 ST 接头按需求与光纤配线架的 ST 耦合器连接

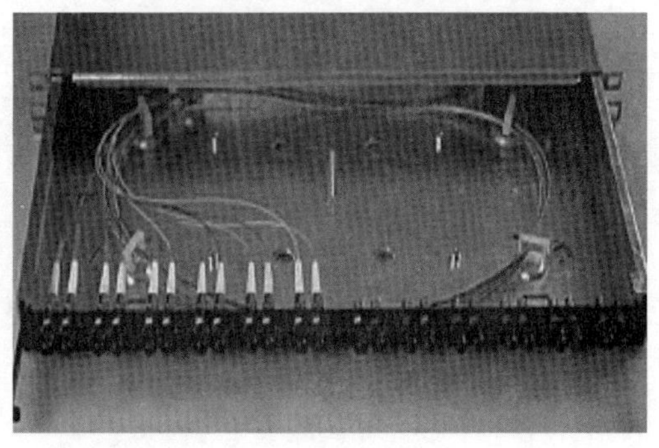

图 3-31　安装完成后盖上光纤配线架的防尘面板完成安装

任务实施

1. 根据实际条件完成光缆熔接的制作。任务的实施步骤如下

(1)根据任务编写设备材料统计表，申请设备材料。

(2)准备设备与材料，如表 3-3 所示。

(3)利用光纤剥线钳剥除光缆外皮。

(4)将无尘纸沾上无水酒精清理光纤并将清理好的光纤一端套入一根热缩套管。

(5)利用光纤切割掉切割光纤。

(6)将光纤熔接机开启并预热。

(7)将切割好的光纤放入光纤熔接机的卡槽内进行熔接操作。

(8)光纤熔接好后将之前套上的热缩套管移动到光纤熔接部位并放入熔纤机上的加热槽中对热缩套管进行加热。

(9)热缩套管加热完成后查看是否保护到光纤熔接点。

(10)确认无误后将其放到一边冷却。

(11)完成熔接。

光缆熔接工具与材料　　　　表 3-3

光纤处理工具	
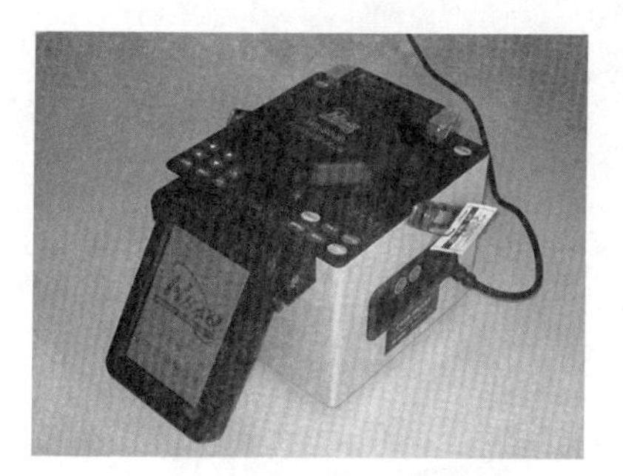 光纤熔接机	 光纤剥线钳
 光纤切割刀	 无水酒精与无尘纸
光缆材料	
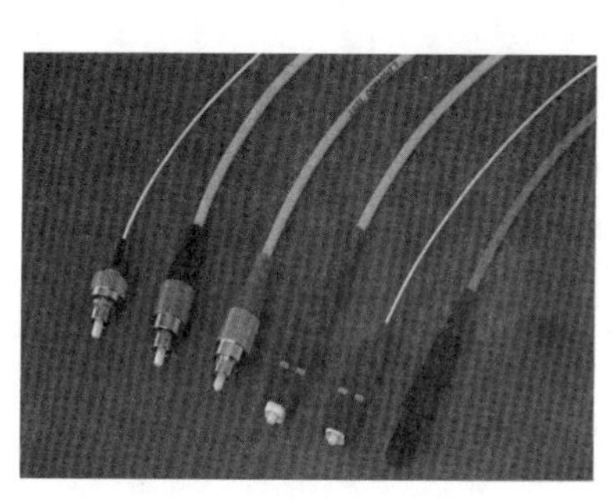 光纤尾纤	 热缩套管

2. 根据实际条件完成冷接的制作。任务的实施步骤如下

(1)根据任务编写设备材料统计表,申请设备材料。

(2)准备设备与材料,如表 3-4 所示。

(3)利用光纤剥线钳剥除光缆外皮。

(4)将无尘纸沾上无水酒精清理光缆。

(5)将清理好的光纤放入夹具当中。

(6)利用光纤切割掉切割光纤。

(7)将切割好的光纤与光纤连接器外包装上的图示对比,查看切割后的光纤是否与光纤连接器外包装上的图示长度相同。

(8)将光纤连接器拆开。

(9)将切割好的光纤插入连接器主体中。

(10)感觉光纤插入到底后压紧光纤连接器主体上的压盖。

(11)将光纤连接器组装还原。

(12)完成光纤的冷接。

光缆冷节工具与材料 表3-4

 光纤处理工具	
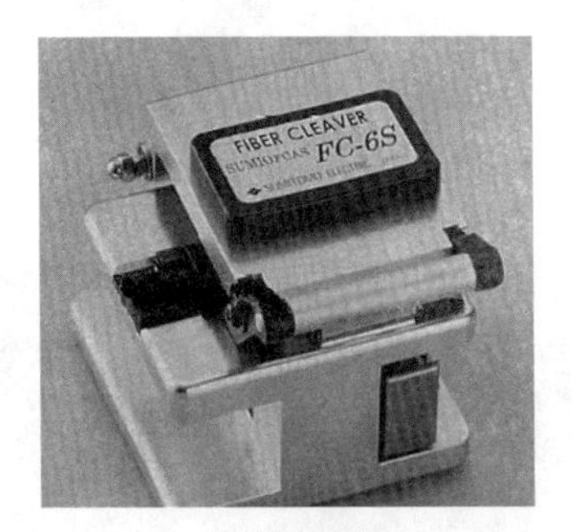 光纤切割刀	 光纤剥线钳
 无水酒精与无尘纸	
 光缆材料	
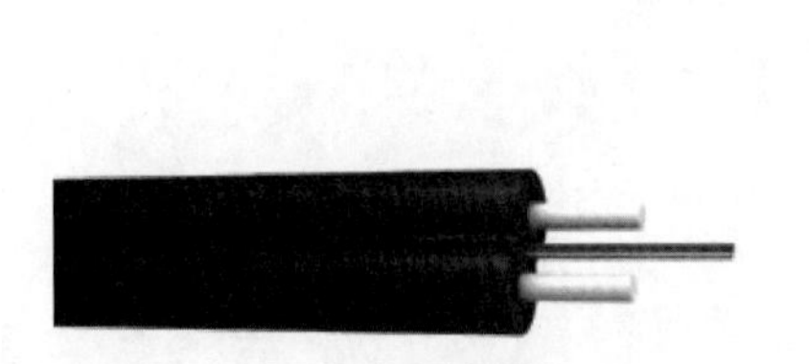 皮线光纤	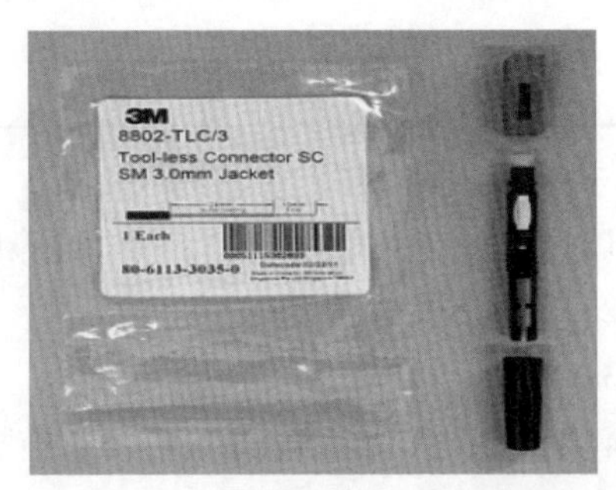 光纤连接器

任务工作单一

<table>
<tr><td rowspan="3">学习情境:外场区综合布线
工作任务:光缆的熔接</td><td>班级</td><td colspan="3"></td></tr>
<tr><td>姓名</td><td></td><td>学号</td><td></td></tr>
<tr><td>日期</td><td></td><td>评分</td><td></td></tr>
</table>

一、任务内容

根据实际条件完成光缆熔接的制作。

二、基本知识

1. 光缆如何剥除外皮、清洁与切割光纤;

2. 描述光纤的熔接过程;

3. 常用光纤接口有哪些,一般来说,对于新建建筑(群)光纤接口是否需要统一,对于旧建筑改造,光纤接口如何处理?

三、任务实施

1. 在老师的指导下完成光缆的剥除;

2. 在老师的指导下完成光纤的清洁与切割;

3. 对光纤进行熔接熔接。

四、任务小结

通过此工作任务的实施,各小组集中完成下述工作:

1. 你认为本次实训是否达到预期目的,有哪些意见和建议?

2. 光纤剥纤的方法是什么?

3. 光纤是如何熔接的?

任务工作单二

<table>
<tr><td rowspan="3">学习情境:外场区综合布线
工作任务:光纤的冷接</td><td>班级</td><td colspan="3"></td></tr>
<tr><td>姓名</td><td></td><td>学号</td><td></td></tr>
<tr><td>日期</td><td></td><td>评分</td><td></td></tr>
</table>

一、任务内容

根据实际条件完成光缆冷接的制作。

二、基本知识

1. 皮线光纤如何剥除外皮、清洁与切割光纤;

2. 描述皮线光纤的冷接的步骤;

3. 目前室内皮线光纤常用于电信行业的 FTTH,请问 FTTH 指的是什么?

三、任务实施

1. 在老师的指导下完成光纤的剥除;

2. 在老师的指导下完成光纤的清洁与切割;

3. 在老师的指导下将光纤与连接器进行端接。

四、任务小结

通过此工作任务的实施,各小组集中完成下述工作:

1. 你认为本次实训是否达到预期目的,有哪些意见和建议?

2. 光纤冷接的方法是什么?

3. 光纤冷接时需要注意什么?

学习情境四　综合布线工程概预算与招投标

情境概述

一、职业能力分析

通过本情境的学习，期望达到下列目标。

1. 专业能力

(1)能编制网络综合布线工程的设计概算方案；

(2)能依据施工设计图纸完成综合布线工程施工预算；

(3)能独立完成网络综合布线工程的招标公告和投标文件的编制。

2. 社会能力

(1)通过分组活动，培养团队协作能力；

(2)通过小组讨论、上台演讲评述，培养与客户的沟通能力。

3. 方法能力

(1)通过查阅资料、文献，培养自学能力和获取信息能力；

(2)通过情境化的任务单元活动，掌握解决实际问题的能力；

(3)填写任务工作单，制订工作计划，培养工作方法能力；

(4)能独立使用各种媒体完成学习任务。

二、学习情境描述

根据用户需求，为用户编制某栋楼宇内的综合布线的设计概算和施工图预算。同时，根据概预算的情况，编制出符合用户需求的招标公告，及符合招投标相关法律规定的投标文件。

三、教学环境要求

(1)学习情境要求在理实一体化专业教室和专业实训室完成。实训室配置要求：

①概预算相关软件；

②计算机(用于查询资料以及编写方案)；

③任务工作单；

④多媒体教学设备、课件和视频教学资料等。

(2)建议学生3～4人为一个小组，各组独立完成相关的工作任务，并在教学完成后提交任务工作单。

工作任务一　网络综合布线工程概、预算

任务描述

(1)按照行业标准,分组完成你所在宿舍楼的综合布线预算。

(2)按照江西省定额,分组完成机电信息楼的综合布线预算。

任务要求

1. 应知应会

(1)通过本工作任务的学习与具体实施,学生应学会下列知识:

①熟悉综合布线设计概算和施工图预算的相关知识;

②熟悉概算和预算在综合布线工程中的作用;

③熟悉概算和预算的一般原则和步骤。

(2)学生应该掌握下列技能:

①工程量的计算方法;

②编制概算和预算文件。

2. 学习要求

(1)学生在上课前,应到本课程的网站中预习本工作任务的相关教学内容。

(2)本课程采用理实一体化的模式组织教学,学生在学习过程中,要注重理论与实践的结合,提高自己的动手能力。

(3)每个工作任务学习结束过程后,学生应独立完成任务工作单的填写。

相关知识

一、综合布线系统工程概(预)算

综合布线概(预)算是综合布线设计环节的一部分,它对综合布线项目工程的造价估算和投标估价及后期的工程决算都有很大的影响。设计概(预)算是初步设计概算和施工图设计预算的统称。

设计概算是设计文件的重要组成部分,应严格按照批准的可行性研究报告和其他相关文件进行编制。

施工图预算则是施工图设计文件的重要组成部分,是设计概算的进一步具体化。它是根据施工图设计算出的工程量、依据现行预算定额及取费标准、签订的设备材料合同价或设备材料预算价格等,进行计算和编制的工程费用文件。

设计概预算是以初步设计和施工图设计为基础编制的,它不仅是考核设计方案的经济性和合理性的重要指标,而且也是确定建设项目建设计划、签订合同、办理贷款、进行竣工决算和考核工程造价的主要依据。

根据工程技术要求及规模容量,需要首先设计绘制出施工图纸。按设计施工图纸统计工程量并乘以相应的定额即可概、(预)算出工程的总体造价,此过程即为综合布线工程的概预算。统计工程量时,尽量要与概预算定额的分部、分项工程定额子目划分相一致,按标准

化要求进行统计,以便采用微机编制概预算,采用综合布线工程概预算编制计算机管理系统。

概(预)算必须由持有勘察设计证书资格的单位编制。同样,其编制人员也必须持有信息工程概(预)算资格证书。

综合布线系统的概(预)算编制办法,原则上参考通信建设工程概算、预算编制办法作为依据,并应根据工程的特点和其他要求,结合工程所在地区,按地区(计委)建委颁发有关工程概算、预算定额和费用定额编制工程概(预)算。如果按通信定额编制布线工程概预算,则参照《通信建设工程概算、预算编制办法及定额费用》及邮部[1995]626号文要求进行。

1. 概算的作用

(1)概算是确定和控制固定资产投资、编制和安排投资计划、控制施工图预算的主要依据。

(2)概算是签订建设项目总承包合同、实行投资包干以及核定贷款额度的主要依据。

(3)概算是考核工程设计技术经济合理性和工程造价的主要依据之一。

(4)概算是筹备设备、材料和签订订货合同的主要依据。

(5)概算在工程招标承包制中是确定标底的主要依据。

2. 预算的作用

(1)预算是考核工程成本、确定工程造价的主要依据。

(2)预算是前定工程承、发包合同的依据。

(3)预算是工程价款结算的主要依据。

(4)预算是考核施工图设计技术经济合理性的主要依据之一。

3. 概算的编制依据

(1)批准的可行性研究报告。

(2)初步建设或扩大初步设计图纸、设备材料表和有关技术文件。

(3)建筑与建筑群综合布线工程费用有关文件。

(4)通信建设工程概算定额及编制说明。

(5)通信建设工程费用定额及有关文件。

(6)建设项目所在地政府发布的有关文件。

4. 预算的编制依据

(1)批准初步设计或扩大初步设计概算及有关文件。

(2)施工图、通用图、标准图及说明。

(3)《建筑与建筑群综合布线》预算定额。

(4)通信工程预算定额及编制说明。

(5)通信建设工程费用定额及有关文件。

5. 概算文件的内容

(1)工程概况:说明项目规模、用途、概算总价值、产品品种、生产能力、公用工程及项目外工程的主要情况等。

(2)编制依据:依据的设计、定额、价格及地方政府有关规定和信息产业部未作统一规定的费用计算依据说明。

(3)投资分析:主要分析各项投资的比例和费用构成,分析投资情况,说明建设的经济合理性及编制中存在的问题。

(4)其他需要说明的问题。如建设项目的特殊情况,需要政及主管部门或者相关部门帮助解决的其他问题。

6. 预算文件的内容

(1)工程概况,预算总价值。

(2)编制依据及对采用的收费标准和计算方法的说明。

(3)工程技术经济指标分析。

(4)其他需要说明的问题。

二、综合布线工程的工程量计算原则

1. 工程量计算要求

(1)工程量的计算应按工程量计算规则进行,即工程量项目的划分、计量单位的取定、有关系数的调整换算等。

(2)工程量的计算无论是初步设计,还是施工图设计,都要依据设计图纸计算。

(3)工程量的计算方法各不相同 ,而我们要求从事概预算的人员,应在总结经验的基础上,找出计算工程量中影响预算及时性和准确性的主要矛盾,同时还要分析工程量计算中各个分项工程量之间的共性和个性关系,然后运用合理的方法加以解决。

2. 计算工程量应注意的问题

(1)熟悉图纸。要及时地计算出工程量,首先要熟悉图纸,看懂有关文字说明,掌握施工现场有关的问题。

(2)要正确划分项目和选用计量单位。所划分的项目和项目排列的顺序及选用的计量单位应与定额的规定完全一致。

(3)计算中要采用的尺寸要符合图纸中的尺寸要求。

(4)工程量应以安装就位的净值为准,用料数量不能作为工程量。

(5)对于小型建筑物和构筑物可另行单独规定计算规则或估列工程量和费用。

3. 工程量计算的顺序

(1)顺时针计算法,即从施工图纸右上角开始,按顺时针方向逐步计算,但一般不采用。

(2)横竖计算法或称坐标法,即以图纸的轴线或坐标为工具分别从左到右,或从上到下逐步计算。

(3)编号计算方法,即按图纸上注明的编号分类进行计算,然后汇总同类工程量。

三、综合布线工程概预算的步骤程序

1. 概、预算的编制程序

(1)收集资料,熟悉图纸。

(2)计算工程量。

(3)套用定额,选用价格。

(4)计算各项费用。

(5)复核。

(6)拟写编制说明。

(7)审核出版,填写封皮,装订成册。

2. 引进设备安装工程概、预算编制

(1)引进设备安装工程概、预算的编制是指引进设备的费用、安装工程费用及相关的税金和费用的计算。无论从何国引进,除必须编制引进的设备价款外,一律按设备到岸价(CIF)的外币折成人民币价格,再按本办法有关条款进行概、预算的编制。

(2)引进设备安装工程应由国内设备单位作为总体设计单位,并编制工程总概、预算。

(3)引进设备安装工程概、预算编制的依据为:经国家或有关部门批准的订货合同、细目及价格,国外有关技术经济资料及相关文件,国家及原邮电行业通信工程概、预算编制办法、定额和有关规定。

(4)引进设备安装工程概、预算应用两种货币形式表现,外币表现可用美元。

(5)引进设备安装工程概、预算除包括本办法和费用定额规定的费用外,还包括关税、增值税、工商统一费、进口调节税、海关监理费、外贸手续费、银行财务费和国家规定应记取的其他费用,其记取标准和办法按国家和相关部门有关规定办理。

3. 概、预算的审批

(1)设计概算的审批。设计概算由建设单位主管部门审批,必要时可由委托部门审批;设计概算必须经过批准方可作为控制建设项目投资及编制修正概算的依据。设计概算不得突破批准的可行性研究报告投资额,若突破时,由建设单位报原可行性研究报告批准部门审批。

(2)施工图预算的审批。施工图预算应由建设单位审批;施工图预算需要由设计单位修改,由建设单位报主管部门审批。

4. 综合布线工程概预算编制软件

综合布线工程概预算过去一直是手工编制。随着计算机的普及和应用,近年来相关技术单位开发出了综合布线工程概预算编制软件。

四、综合布线工程的概预算设计方式

综合布线系统概预算方式常见有两种:按照 IT 企业的行业标准、套用国家(或地区)的定额文件。

1. IT 企业的行业标准

行业标准比较简单明了,首先统计所有设备材料,并为设备材料选型。其次为这些设备材料报价,辅以设计、施工、税金等费用,其总价即是行业标准的预算价,如表 4-1 所示。

2. 套用定额方式

套用定额方式相对来说,比较复杂。首先必须统计所有设备材料,并为设备材料选型。其次根据国家(或地区)定额标准套用相关的选项。然后编制安装费用表及预算表,如表 4-2所示,按照定额套用出来的安装费用与取费表如表 4-3 所示。

在这里我们给出的是江西省 2004 年定额库,截至书稿编写之日,江西省最新的定额库是 2010 年,相比 2004 年定额库,其中修改最大的是人工工资。即是将人机材中的人工工资调高了,江西省 2004 年定额如表 4-4 所示。

所谓人机材指的是在综合布线工程施工过程中的人工、机械损耗与布线耗材的费用。这里的布线耗材不是统计出来的设备材料,而是一些损耗品,比如电工胶布、扎带、标签等;机械损耗就是布线用的工具损耗;人指的就是人工工资。

表 4-1

行业标准预算表

××××项目预算表

项目名称：××××综合布线工程 文件编号：YS001

序号	名称	型号或规格	单位	数量	单价	金额(RMB)	备注
工作区子系统							
1	六类双口口面板	PF1322	块	150	10	1500	TCL
2	六类单口口面板	PF1312	块	153	9	1377	TCL
3	六类信息模块	PM2013	个	453	42	19026	TCL
4	86 暗盒	86 型	个	303	1	303	国产
5	2m 六类跳线	PJ21020	条	453	55	24915	TCL
水平区子系统							
1	六类 4 对非屏蔽双绞线缆	PC201004	箱	115	996	114540	TCL
楼层配线间管理子系统							
1	六类 24 口非屏蔽配线架	PD2324	个	20	1144	22880	TCL
2	1U 理线器	PA3211	个	20	88	1760	TCL
3	24 口光纤配线架		个	3	182	546	国产
4	ST 单模光纤尾纤		条	48	10	480	国产
5	ST 单模光纤耦合器		只	48	9	432	国产
6	2m 六类跳线	PJ21020	条	453	55	24915	TCL

续上表

序号	名 称	型号或规格	单位	数量	单价	金额(RMB)	备注
垂直干线子系统							
1	室内8芯单模光纤		m	300	8	2400	国产
建筑群子系统							
2	室外8芯单模光纤		m	3850	7	26950	国产
布线材料及其他							
1	PVC 管	ϕ20	m	2000	3	6000	亿丰
2	金属水平桥架	200×100×1.2	m	460	56	25760	国产
3	金属水平桥架	100×100×1.2	m	50	39	1950	国产
4	金属水平桥架	300×100×1.2	m	50	74	3700	国产
5	金属垂直桥架	200×100×1.2	m	40	59	2360	国产
6	PVC 及桥架辅助材料		批	1	6000	6000	国产
7	光纤熔接费用		根	48	30	1440	
合计						289234	
1	设计施工费	15%				43385	
2	税金	6%				19957	
3					项目合计	352576	
4					人民币大写	叁拾伍万贰仟伍佰柒拾陆元整	

编制人：　　　　审核人：　　　　单位：××××公司　　　　日期：　　年　　月　　日

安装工程预(决)算表

表 4-2

项目名称：××××项目

文件编号：YS001

序号	编号	项目名称及规格	单位	数量	单位价值(元)			总价(元)		
					未计价材料	基价	其中工资	未计价材料	基价	其中工资
1		一、网络布线及设备安装								
2	C12－6	管/暗槽内穿放　六类四对绞线(TCL)	100m	309.000	357.00	45.28	35.25	110313.00	13991.52	10892.25
3	C12－31	双绞线缆测试　六类	信息点	453.000		27.12	4.23		12285.36	1916.19
4	C12－20	安装 8 位模块式信息插座　单口 (TCL,含模块×243、面板×243)	个	243.000	20.10	3.29	3.29	4884.30	799.47	799.47
5	C12－32	管/暗槽内穿放　12 芯以下　室内 8 芯光纤	100m	2.000	780.00	43.54	39.95	1560.00	87.08	79.90
6	C12－45	光纤连接　熔接法　单模	芯	48.000		79.97	11.75		3838.56	564.00
7	C12－84	光纤测试	芯	48.000		45.26	3.53		2172.48	169.44
8	C12－49	终端盒至配线架 (含配线架×3、ST 单模光纤耦合器×48)	根	48.000		14.49	9.40	982.80	695.52	451.20
9	C12－51	光纤配线架架内跳线	根	48.000	56.10	8.62	3.53	2692.80	413.76	169.44
10	C12－52	光缆终端盒　≤20 芯	个	4.000	81.60	220.28	47.00		881.12	188.00
11	C12－133	安装核心机柜、机架　落地式 (含 2U 理线架×1)	台	1.000	5016.00	64.08	61.10	5016.00	64.08	61.10
12	C12－133	安装机房机柜、机架　落地式 (含 1U 理线架×3)	台	1.000	2305.00	64.08	61.10	2305.00	64.08	61.10
13	C12－134	安装楼层机柜、机架　墙挂式 (含理线架×4)	台	2.000	800.00	99.33	96.35	1600.00	198.66	192.70
14	C12－134	安装机柜、机架　墙挂式(含理线架×12)	台	6.000	720.00	99.33	96.35	4320.00	595.98	578.10

续上表

序号	编号	项目名称及规格	单位	数量	单位价值(元)			总价(元)		
					未计价材料	基价	其中工资	未计价材料	基价	其中工资
15	C12 - 403	局域网交换机设备安装、调试　二层交换机	台	11.000		223.05	39.95		2453.55	439.45
16	C12 - 404	局域网交换机设备安装、调试　三层交换机	台	3.000		299.85	42.30		899.55	126.90
17	C12 - 389	网络工作站安装、调试	台	1.000						
18	C12 - 423	网管系统软件安装	套	1.000		14.13	11.75		14.13	11.75
19	C12 - 430	网络调试　100 个信息点以上（5615.86 + 221.73 × 35）	信息点	453.000					13376.41	2585.00
20	C12 - 432	系统试运行　500 个信息点以下	系统	1.000					12894.14	2820.00
21		二、布线设备安装								
22	C2 - 543	钢制槽式桥架安装，200 × 100　厚 1.5mm	10m	27.000	598.00	113.24	74.73	16146.00	3057.48	2017.71
23	C2 - 543	钢制槽式桥架安装，250 × 100　厚 1.6mm	10m	19.600	716.00	113.24	74.73	14033.60	2219.50	1464.71
24	C2 - 544	钢制槽式桥架安装，300 × 100　厚 1.7mm	10m	15.200	821.00	166.34	119.85	12479.20	2528.37	1821.72
25	C2 - 592	桥架支撑架	100kg	4.540	2311.50	228.39	138.18	10494.21	1036.89	627.34
26	C2 - 1089	砖、混凝土结构明配硬质聚氯乙烯管敷设 DN20	100m	3.480	113.10	369.57	206.57	393.59	1286.10	718.86
27	C2 - 1091	砖、混凝土结构明配硬质聚氯乙烯管敷设 DN32	100m	3.420	276.00	412.50	222.31	943.92	1410.75	760.30
		合计						188164.42	77264.55	29516.63

工程造价取费表

表 4-3

项目名称:××××项目　　　　文件编号:YS002

代号	费用名称	计算式	费率(%)	金额(元)
一	直接工程费	Σ工程量×消耗量定额基价		77264.55
1	其中:人工费	Σ(工日数×人工单价)		29516.63
二	技术措施费	Σ工程量×消耗量定额基价		
2	其中:人工费	Σ(工日数×人工单价)或按人工费比例计算		
三	组织措施费	(4)+(5)[不含环保安全文明费]		4238.59
3	其中:人工费	(三)×费率	15	635.79
4	其中:临时设施费	[(1)+(2)]×费率	5.61	1655.88
5	检验试验费等六项	[(1)+(2)]×费率	8.75	2582.71
四	价差	按有关规定计算		45844.51
五	企业管理费	[(1)+(2)+(3)]×费率	23.76	7164.21
六	利润	[(1)+(2)+(3)]×费率	20.52	6187.28
七	主材及估价部分	未计价材料及估价		188164.42
6	社保等四项	[(1)+(2)+(3)]×费率	35.66	10752.35
7	上级(行业)管理费	[(一)+(二)+(三)+主材费]×费率	0.6	1618.01
AW	环保安全文明措施费	[(一)+(二)+(三)+(五)+(六)+(6)+(7)]×费率	0.7	750.57
FW	安全防护文明措施费	AW+(4)		2406.46
8	工程定额测定费	[(一)~(七)+(6)+(7)+AW]×费率	0.2	683.97
八	规费	(6)+(7)+(8)		13054.33
九	税金	[(一)~(八)+(AW)]×费率	5.33	18264.23
十	工程费用	(一)+(二)+(三)+(五)+(六)+(七)+(八)+(九)+(AW)		360932.69
	工程总造价	叁拾陆万零玖佰叁拾贰元陆角玖分整		360932.69

江西省弱电工程常用单项定额标准表

表 4-4

序号	编号	项目名称及规格	单位	人机材	
				基价	其中工资
1	C12-6	管/暗槽内穿放　六类四对绞线	100m	45.28	35.25
2	C12-31	双绞线缆测试　六类	信息点	27.12	4.23
3	C12-20	安装8位模块式信息插座　单口	个	3.29	3.29
4	C12-32	管/暗槽内穿放12芯以下　室内8芯光纤	100m	43.54	39.95

续上表

序号	编号	项目名称及规格	单位	人机材	
				基价	其中工资
5	C12-45	光纤连接　熔接法　单模	芯	79.97	11.75
6	C12-84	光纤测试	芯	45.26	3.53
7	C12-49	终端盒至配线架	根	14.49	9.40
8	C12-51	光纤配线架架内跳线	根	8.62	3.53
9	C12-52	光缆终端盒　≤20 芯	个	220.28	47.00
10	C12-133	安装核心机柜、机架　落地式	台	64.08	61.10
11	C12-133	安装机房机柜、机架　落地式	台	64.08	61.10
12	C12-134	安装楼层机柜、机架　墙挂式	台	99.33	96.35
13	C12-134	安装机柜、机架　墙挂式	台	99.33	96.35
14	C12-403	局域网交换机设备安装、调试　二层交换机	台	223.05	39.95
15	C12-404	局域网交换机设备安装、调试　三层交换机	台	299.85	42.30
16	C12-423	网管系统软件安装	套	14.13	11.75
17	C2-543	钢制槽式桥架安装,200mm×100mm 厚　1.5mm	10m	113.24	74.73
18	C2-543	钢制槽式桥架安装,250mm×100mm 厚　1.5mm	10m	113.24	74.73
19	C2-544	钢制槽式桥架安装,300mm×100mm 厚　1.5mm	10m	166.34	119.85
20	C2-592	桥架支撑架	100kg	228.39	138.18
21	C2-1089	砖、混凝土结构明配硬质聚氯乙烯管敷设 DN20	100m	369.57	206.57
22	C2-1091	砖、混凝土结构明配硬质聚氯乙烯管敷设 DN32	100m	412.50	222.31

五、套用定额方式取费

工程项目总费用由工程费、工程建设其他费和预备费 3 个部分构成。具体项目构成如下图 4-1 所示。

1. 直接工程费

(1)直接费:施工过程中耗用的构成工程实体和有助于工程实体形成的各项费用,包括人工费、材料费、机械使用费等。

(2)人工费:指直接从事 GCS 安装工程施工的生产人员开支的各项费用,包括:基本工资、工资性补贴、辅助工资、福利费、劳保费等。

(3)材料费:指施工过程中耗用的构成工程实体的原材料、辅助材料、构配件、零件、半成品的费用和周转使用材料的租赁或摊销费用。包括:材料原价、供销部门手续费、包装费、运杂费、采购及保管费、运输保险费等。

(4)机械使用费:指使用施工机械和仪器仪表作业时所发生的使用费等。包括:折旧费、大修理费、人工费、运输费等。

(5)其他直接费:指直接费以外施工过程中发生的其他费用。包括:冬雨季施工增加费、夜班津贴、特殊地区施工增加费(高寒、高原、亚热带、污染严重地区等)、人工费差价、流动施工津贴等。

(6)现场经费:指施工现场组织施工生产和管理所需要的费用。包括:临时设施费和现场管理费。

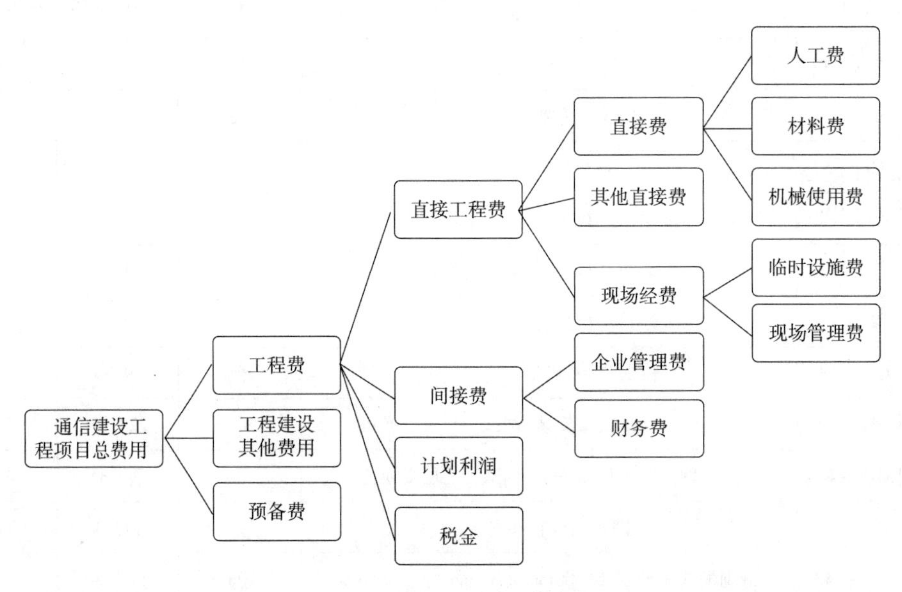

图4-1 工程项目总费用构成图

2. 间接费

由企业管理费和财务费构成。

(1)企业管理费:指为组织施工生产经营活动所发生的管理费,包括:管理人员基本工资、差旅交通费、办公费、工具用具使用费、保险费、税金、劳动保险费等。

(2)财务费:指企业为筹集资金而发生的各项费用,包括短期贷款利息净支出、汇总净损失、金融机构手续费等费用。

3. 计划利润

计划利润 = 概预算人工费 × 计划利润率

GCS 工程人工费参考计划利润率(%)如下:

(1)一类工程为60%。

(2)二类工程为55%。

(3)三类工程为35%。

(4)四类工程为30%。

对综合布线系统工程,10000m^2 以上建筑物为二类工程;5000m^2 以上建筑物为三类工程;5000m^2 以下建筑物电话布线工程为四类工程。

4. 税金

税金 = 营业税 + 城市维护建设税 + 教育附加 =(直接工程费 + 间接费 + 计划利润)× 税率。税率一般根据当地的税率来取。

5. 各类费用比例

任何一个工程的费用都是由人工费、材料设备费、施工机械费、间接费等各类费用组成,它们之间都有一个合理的比例。工程一般是人工费占总价的15% ~20%;材料设备费(包括运费)约占45% ~65%;机械使用费约占3% ~10%;工程其他费10% ~25%。

6. 设备、器具购置费

(1)设备、器具购置费 = 设备、器具原价 + 供销部门手续费 + 包装费 + 运装费 + 采购及保管费 + 运输保险费。

(2)供销部门手续费费率按1.8%计取;

①运杂费 = 设备、器具原价 × 费率;

②运输保险费 = 设备、器具原价 × 费率(0.1%);

③采购及保管费按设备、器具原价1.0% ~2.8%计取。

7. 工程建设其他费

由设计单位根据国家有关收费标准计列会同建设单位提出。

8. 预备费

预备费 =(工程费 + 工程建设其他费)× 预备费费率,如表4-5所示。

预备费费率表 表4-5

名　称	计费基础	费率(%)
GCS设备安装工程	工程费 + 工程建设其他费	3
GCS布线工程	工程费 + 工程建设其他费	4
GCS管道工程	工程费 + 工程建设其他费	5

注:多阶段设计的施工图预算不计取此项费用,总预算中应列预备费余额。

任务实施

(1)根据用户需求,对机电楼的网络工程进行行业标准预算编制。

具体步骤如下:

①根据设备材料统计表,对所有设备材料进行询价;

②对统计的设备材料依次报价;

③编制预算表统计报价;

④核算项目预算价格(需另附表);

⑤审核提交。

(2)根据用户需求,对机电楼的网络工程按江西省定额进行预算编制。

具体步骤如下:

①收集资料、了解需求、熟悉图纸;

②计算工程量,即完成编制预算的基本数据收集;

③套用定额、选用价格;

④计算各项费用;

⑤复核上述表格内容,进行一次全面检查;

⑥编写说明;

⑦审核提交。

任务工作单一

<table>
<tr><td rowspan="3">学习情境:综合布线工程概预算与招投标
工作任务:编制行业标准预算</td><td>班级</td><td colspan="3"></td></tr>
<tr><td>姓名</td><td></td><td>学号</td><td></td></tr>
<tr><td>日期</td><td></td><td>评分</td><td></td></tr>
</table>

一、任务内容

完成综合布线工程行业标准预算表编制。

二、基本知识

1. 概预算编制原则;
2. 行业标准预算编制方法;
3. 概算的作用有哪些;
4. 预算的作用有哪些?

三、任务实施

1. 根据设备材料统计表,对所有设备材料进行询价;
2. 对统计的设备材料依次报价;
3. 编制预算表统计报价;
4. 核算项目预算价格(需另附表);
5. 审核提交。

四、任务小结

通过此工作任务的实施,各小组集中完成下述工作。

1. 你认为本次实训是否达到预期目的,有哪些意见和建议?

2. 相对于进价,报价的处理方法是什么?

任 务 工 作 单 二

<table>
<tr><td rowspan="3">学习情境:综合布线工程概预算与招投标
工作任务:套用定额编制预(决)算表</td><td>班级</td><td colspan="3"></td></tr>
<tr><td>姓名</td><td></td><td>学号</td><td></td></tr>
<tr><td>日期</td><td></td><td>评分</td><td></td></tr>
</table>

一、任务内容

完成综合布线工程预(决)算表编制,根据江西省 2004 年定额库。

二、基本知识

1. 概预算编制原则;
2. 根据定额编制预算表的方法;
3. 工程量计算的依据和方法。

三、任务实施

1. 收集资料、了解需求、熟悉图纸;
2. 计算工程量,即完成编制预算的基本数据收集;
3. 套用定额、选用价格(需另附安装工程费用表);
4. 计算各项费用(需另附取费表);
5. 复核上述表格内容,进行一次全面检查;
6. 编写说明(需另附说明文件);
7. 审核提交。

四、任务小结

通过此工作任务的实施,各小组集中完成下述工作。

1. 你认为本次实训是否达到预期目的,有哪些意见和建议?

2. 安装工程费用表和取费表中的人工费用有何区别?

工作任务二 综合布线工程的招标和投标

任务描述

1. 作为招标方,分组完成你所在宿舍楼的综合布线招标文件。

2. 作为投标方,分组完成上述宿舍楼的投标文件。

任务要求

1. 应知应会

(1)通过本工作任务的学习与具体实施,学生应学会下列知识:

①熟悉综合布线招标和投标的相关法律知识;

②熟悉招标和投标在综合布线工程中的作用;

③熟悉招标和投标的一般原则和步骤。

(2)学生应该掌握下列技能:

①招标公告和投标文件的编制原则和程序;

②编制招标公告和投标文件。

2. 学习要求

(1)学生在上课前,应到本课程的网站中预习本工作任务的相关教学内容。

(2)本课程采用理实一体化的模式组织教学,学生在学习过程中,要注重理论与实践的结合,提高自己的动手能力。

(3)每个工作任务学习结束过程后,学生应独立完成任务工作单的填写。

相关知识

一、网络综合布线工程的招标的相关规定

1. 什么是综合布线系统工程招标

综合布线系统工程招标通常是指需要投资建设综合布线系统的单位(一般称为招标人),通过招标公告或投标邀请书等形式邀请有具备承担招标项目能力的系统集成施工单位(一般称为投标人)投标,最后选择其中对招标人最有利的投标人进行工程总承包的一种经济行为。综合布线系统工程招标也可以委托工程招标代理机构来进行。

我国招标投标法规定在我国境内进行下列工程建设项目包括项目的勘察、设计、施工、监理以及与工程建设有关的重要设备、材料等物资的采购,必须经过招标:

(1)大型基础设施、公用事业等关系社会公共利益、公众安全的项目。

(2)全部或者部分用于国有资金投资或者国家融资的项目。

(3)使用国际组织或者外国政府贷款、援助资金的项目。

2. 招标人

招标人是指提出招标项目、进行招标的法人或者其他组织。

3. 招标代理机构

招标代理机构是指依法设立、从事招标代理业务并提供相关服务的社会中介组织。

招标代理机构应当具备下列条件：

(1)有从事招标代理业务的营业场所和相应资金。

(2)有能够编制招标文件和组织评标的相应专业力量。

(3)有符合投标法第三十七条第三款规定条件、可以作为评标委员会成员人选的技术、经济等方面的专家库。

4. 招标文件

招标文件一般由招标人或者招标代理机构根据招标项目的特点和需要进行编制。招标文件应当包括以下内容：

(1)招标项目的技术要求。

(2)招标项目的商务要求。

(3)招标项目需要划分标段、确定工期的，招标人应当合理划分标段、确定工期，并在招标文件中载明。

(4)招标文件不得要求或者标明特定的生产供应者以及含有倾向或者排斥潜在投标人的其他内容。

(5)招标人对已发出的招标文件进行必要的澄清或者修改的，应当在招标文件要求提交投标文件截止时间至少15日前，以书面形式通知所有招标文件收受人。该澄清或者修改的内容为招标文件的组成部分。

(6)招标人应当确定投标人编制投标文件所需要的合理时间，依法必须进行招标的项目，自招标文件开始发出之日起至投标人提交投标文件截止之日止，最短不得少于20日。

(7)国家对招标项目的技术、标准有规定的，招标人应当按照其规定在招标文件中提出相应的要求。

(8)招标人不得向他人透露已获取招标文件的潜在投标人的名称、数量以及可能影响公平竞争的有关招标投标的其他情况。招标人设有标底的，标底必须保密。

5. 工程招标程序

(1)建设工程项目报建。

(2)审查建设单位资质。

(3)招标申请。

(4)资格预审文件、招标文件的编制与送审。

(5)工程标底价格的编制。

(6)发布招标通告。

(7)单位资格审查。

(8)招标文件。

(9)勘察现场。

(10)招标预备会。

(11)招标文件管理。

(12)工程标底价格的报审。

(13)开标。

(14)评标。

(15)决标。

(16)签订合同。

二、工程项目招标的方式

综合布线系统工程项目招标的方式主要有以下 4 种：

1. 公开招标

公开招标，也称无限竞争性招标，是指招标人或招标代理机构以招标公告的方式邀请不特定的法人或者其他组织投标。

2. 竞争性谈判

竞争性谈判是指招标人或招标代理机构以投标邀请书的方式邀请 3 家以上特定的法人或者其他组织直接进行合同谈判。一般在用户有紧急需要，或者由于技术复杂而不能规定详细规格和具体要求时采用。

3. 询价采购

询价采购，也称货比 3 家，是指招标人或招标代理机构以询价通知书的方式邀请 3 家以上特定的法人或者其他组织进行报价，通过对报价进行比较来确定中标人。询价采购是一种简单快速的采购方式，一般在采购货物的规格、标准统一、货源充足且价格变化幅度小时采用。

4. 单一来源采购

单一来源采购是指招标人或招标代理机构以单一来源采购邀请函的方式邀请生产、销售垄断性产品的法人或其他组织直接进行价格谈判。单一来源采购是一种非竞争性采购，一般适用于独家生产经营、无法形成比较和竞争的产品。

三、综合布线系统工程项目投标的相关规定

1. 什么是综合布线系统工程投标

综合布线系统工程投标通常是指系统集成施工单位（一般称为投标人）在获得了招标人工程建设项目的招标信息后，通过分析招标文件，迅速而有针对性的编写投标文件，参与竞标的一中经济行为。

2. 投标及投标人的相关规定

(1)投标人是响应招标、参加投标竞争的法人或其他组织。

(2)投标人应当具备承担招标项目的通力。国家有关规定对投标人资格条件或者招标文件对投标人规定的，投标人应当具备相应的资格条件。

(3)投标人应当按照招标文件的要求编制投标文件。投标文件应当对招标文件提出的实质性要求和条件做出响应。

(4)投标人应当在招标文件要求投交投标文件的截止时间前，将投标文件送达投标地点。招标人收到投标文件后，应当签收保存，不得开启。投标人少于 3 个的，招标人应当按照相关法规定重新招标。

(5)投标人在招标文件要求提交投标文件的截止时间前，可以补充、修改或者撤回已提交的投标文件，并书面通知招标人。补充、修改的内容为投标文件的组成部分。

(6)投标人不得相互串通投标报价，不得排挤其他投标人的公平竞争，损害招标人或者其他投标人的合法利益。

(7)投标人不得与招标人串通投标，损害国家利益、社会公共利益或者他人的合法权益。

(8)禁止投标人以向招标人或评标委员会成员行贿等手段谋取中标。

(9)投标人不得以低于成本的报价竞标,也不得以他人名义投标或者以其他方式弄虚作假,骗取中标。

3. 分析招标文件

招标文件是编制投标文件的主要依据,投标人必须对招标文件进行仔细研究,重点注意以下几个方面:

(1)招标技术要求,该部分是投标人核准工程量、制定施工方案、估算工程总造价的重要依据,对其中建筑物设计图样、工程量、布线系统等级、布线产品档次等内容必须进行分析,做到心中有数。

(2)招标商务要求,主要研究投标人须知、合同条件、开标、评标和定标的原则和方式等内容。

(3)通过对招标文件的研究和分析,投标人可以核准项目工程量,并且制定施工方案,完成了投标文件编制的重要工作。

4. 编制投标文件

投标人应当按照招标文件的要求编制投标文件,并对招标文件提出的实质性要求和条件做出响应。

投标文件的编制主要包括以下几个方面:

(1)投标申请书。

(2)投标书及附录。

(3)投标报价书。

①以人民币为报价,如果情况特殊,只允许使用一种外币计算,但必须按当日汇率折算人民币总价;

②产品报价包括出厂价、运费、保险费、税金、关税、增值税、运杂费等;

③各子系统的安装工程费用;

④设备、缆线以及接插模块的单价和总价。

(4)投标产品的合格证明。

①有关产品的生产许可证复印件、原产地证明文件;

②产品主要技术指标和性能特性。

(5)投标资格证明文件。

①营业执照;

②税务营业证;

③法人代表证书;

④建设部和信息化产业部的有关综合布线系统的资质;

⑤主要技术及管理人员及其资质;

⑥投标者如为产品代理商,还必须出具厂商授权协议书及相关资质材料;

⑦投标者近几年来的主要同类工程业绩材料及用户评价、验收材料。

(6)设计、施工组织计划书。

①按招标文件工程技术要求,提出设计方案;

②包括施工服务、督导、管理及文档在内的施工组织设计方案;

③设计工期及施工质量保证措施;

④测试及验收方式。

(7)其他必要说明文件。

5. 编制投标文件的注意事项：

(1)投标文件一般由熟悉综合布线系统工程招投标过程的人员编制。

(2)投标文件的内容应该尽量的丰富详细，贴近事实。

(3)投标文件的编制应当遵循诚实信用的原则，在产品选择、施工方式等方面要做到实事求是。

(4)投标文件中要尽可能多的提供投标人的技术实力、工程案例、商业信誉等资质证明文件，以体现整体实力。

(5)投标文件中的施工计划应当在保证响应招标文件要求的前提下，尽量降低成本，提高利润。

四、工程项目投标的报价

工程项目投标报价的内容包括：

(1)工程项目造价的估算。

(2)工程项目投标报价的依据。

(3)工程项目投标报价的内容。

五、开标、评标及中标

1. 开标

开标应当在招标文件确定的提交投标文件截止时间的同一时间公开进行。开标地点应当为招标文件中预先确定的地点，并邀请所有投标人参加。

开标时，由投标人或其推选的代表检查投标文件的密封情况，也可以由招标人委托的公主机构检查并公证，经确认无误后，由工作人员当众拆封，宣读投标人名称、投标价格和投标文件的其他内容。

招标人在招标文件要求提交投标文件的截止赶时间前，收到的投标人提交的补充、修改文件，都应该予以当众拆封和宣读。

2. 评标

评标由招人依法组织的评标委员会负责。

目前，评标的常用方法有以下 3 种：

(1)专家评议法。主要根据工程报价、工期、主要材料、施工组织设计、工程质量保证和安全措施等进行综合评议，专家经过讨论、协商、结合大多数人意见，选择出综合条件较为优良者，并推荐为中标单位。

(2)低价中标法。在严格预审各项条件均符合投标文件要求的前提下，选择最低价位为中标单位。

(3)综合评分法。按商务标书和技术标书的各项内容依照评分标准进行评分，统计最高得分者为中标单位。

3. 中标

(1)招标人根据评标委员会提交的书面评标报告和推荐的中标候选人以确定中标人。招标人也可以授权评标委员会直接确定中标人。国务院对特定招标项目的评标有特别规定的，从其规定。

(2)中标人确定后,招标人应当向中标人发出中标通知书,并将中标结果通知未中标的其他投标人。

(3)中标通知书发出30日之内,招标人和中标人应当就招标文件和投标文件的内容订立合同。招标人和中标人不得再行订立背离合同的其他协议。

六、系统集成资质

承揽计算机网络工程要求必须具有相应的资质条件,不是随便几个人凑在一起,成立一家公司就可以承揽计算机网络工程的。我国国家信息产业部已经颁布了《计算机信息系统集成资质管理办法(试行)》,并制定了《计算机信息系统集成资质等级评定条件(试行)》规定了要承揽网络必须具备的相应资质条件。

计算机信息系统集成资质等级分一、二、三、四级。各等级所对应的承担工程的能力:

一级:具有独立承担国家级、省(部)级、行业级、地(市)级(及其以下)、大、中、小型企业级等各类计算机信息系统集成的能力。

二级:具有独立承担省(部)级、行业级、地(市)级(及其以下)、大、中、小型企业级或合作承担国家级的计算机信息系统集成的能力。

三级:具有独立承担中、小型企业级或合作承担大型企业级(或相当规模)的计算机信息系统集成的能力。

四级:具有独立承担小型企业级或合作承担中型企业级(或相当规模)的计算机信息系统集成的能力。

1. 系统集成一级资质

(1)综合条件

①企业变革发展历程清晰,从事系统集成4年以上,原则上应取得计算机信息系统集成二级资质1年以上;

②企业主业是系统集成,系统集成收入是企业收入的主要来源;

③企业产权关系明确,注册资金2000万元以上;企业经济状况良好,近3年系统集成年平均收入超过亿元,财务数据真实可信,并须经国家认可的会计师事务所审计;

④企业有良好的资信和公众形象,近3年没有触犯知识产权保护等国家有关法律法规的行为。

(2)业绩

①近3年内完成的、超过200万元的系统集成项目总值3亿元以上,工程按合同要求质量合格,已通过验收并投入实际应用;

②近3年内完成至少两项3000万元以上系统集成项目或所完成1500万元以上项目总值超过6500万元,这些项目有较高的技术含量且至少应部分使用了有企业自主知识产权的软件;

③近3年内完成的超过200万元系统集成项目中软件费用(含系统设计、软件开发、系统集成和技术服务费用,但不含外购或委托他人开发的软件费用、建筑工程费用等)应占工程总值30%以上(至少不低于9000万元),或自主开发的软件费用不低于5000万元;

④近3年内未出现过验收未获通过的项目或者应由企业承担责任的用户重大投诉;

⑤主要业务领域的典型项目在技术水平、经济效益和社会效益等方面居国内同行业的领先水平。

(3)管理能力

①已建立完备的企业质量管理体系,通过国家认可的第三方认证机构认证并有效运行1年以上;

②已建立完备的客户服务体系,配置专门的机构和人员,能及时、有效地为客户提供优质服务;

③已建成完善的企业信息管理系统并能有效运行;

④企业的主要负责人应具有5年以上从事电子信息技术领域企业管理经历,主要技术负责人应获得电子信息类高级职称且从事系统集成技术工作不少于5年,财务负责人应具有财务系列中级以上职称。

(4)技术实力

①有明确的系统集成业务领域,在主要业务领域内技术实力、市场占有率等居国内前列;

②对主要业务领域的业务流程有深入研究,有自主知识产权的基础业务软件平台或其他先进的开发平台,有自主开发的软件产品和工具,且在已完成的系统集成项目中加以应用;

③有专门从事软件或系统集成技术开发的高级研发人员及与之相适应的开发场地、设备等,并建立完善的软件开发与测试体系;

④用于研发的经费年均投入在300万元以上。

(5)人才实力

①从事软件开发与系统集成相关工作的人员不少于150人,且其中大学本科以上学历人员所占比例不低于80%;

②具有计算机信息系统集成项目经理人数不少于25名,其中高级项目经理人数不少于8名;

③培训体系健全,具有系统地对员工进行新知识、新技术以及职业道德培训的计划并能有效组织实施与考核;

④建立合理的人力资源管理与绩效考核制度并能有效实施。

2. 系统集成二级资质

(1)综合条件

①企业变革发展历程清晰,从事系统集成3年以上,原则上应取得计算机信息系统集成三级资质1年以上;

②企业主业是系统集成,系统集成收入是企业收入的主要来源;

③企业产权关系明确,注册资金1000万元以上;

④企业经济状况良好,近3年系统集成年平均收入超过5000万元,财务数据真实可信,并须经国家认可的会计师事务所审计;

⑤企业有良好的资信和公众形象,近3年没有触犯知识产权保护等国家有关法律法规行为。

(2)业绩

①近3年内完成的、超过80万元的系统集成项目总值1.5亿元以上,工程按合同要求质量合格,已通过验收并投入实际应用;

②近3年内完成至少两项1500万元以上系统集成项目或所完成的800万元以上项目总值超过4000万元,这些项目有较高的技术含量且至少应部分使用了有企业自主知识产权

的软件；

③近3年内完成超过80万元的系统集成项目中软件费用(含系统设计、软件开发、系统集成和技术服务费用,但不含外购或委托他人开发的软件费用、建筑工程费用等)应占工程总值30%以上(至少不低于4500万元),或自主开发的软件费用不低于2500万元；

④近3年内未出现过验收未获通过的项目或者应由企业承担责任的用户重大投诉；

⑤系统集成主要业务领域的典型项目有较高的技术水平,经济效益和社会效益良好。

(3)管理能力

①已建立完备的企业质量管理体系,通过国家认可的第三方认证机构认证并有效运行1年以上；

②已建成完备的客户服务体系,配置专门的机构和人员,能及时、有效地为客户提供优质服务；

③已建成完善的企业信息管理系统并能有效运行。

④企业的主要负责人应具有4年以上从事电子信息技术领域企业管理经历,主要技术负责人应获得电子信息类高级职称且从事系统集成技术工作不少于4年,财务负责人应具有财务系列中级以上职称。

(4)技术实力

①有明确的系统集成业务领域,在主要业务领域内技术实力、市场占有率等在国内具有一定的优势；

②熟悉主要业务领域的业务流程,有自主开发的软件产品和工具,且在已完成的系统集成项目中加以应用；

③有专门从事软件或系统集成技术开发的高级研发人员及与之相适应的开发场地、设备等,并建立基本的软件开发与测试体系；

④用于研发的经费年均投入在150万元以上。

(5)人才实力

①从事软件开发与系统集成相关工作的人员不少于100人,且其中大学本科以上学历人员所占比例不低于80%；

②具有计算机信息系统集成项目经理人数不少于15名,其中高级项目经理人数不少于3名；

③培训体系健全,具有系统地对员工进行新知识、新技术以及职业道德培训的计划并能有效组织实施与考核；

④建立合理的人力资源管理与绩效考核制度并能有效实施。

3.系统集成三级资质

(1)综合条件

①企业变革发展历程清晰,从事系统集成两年以上；

②企业主业是系统集成,系统集成收入是企业收入的主要来源；

③企业产权关系明确,注册资本200万元以上；

④企业经济状况良好,近3年系统集成年平均收入1500万元以上,财务数据真实可信,并须经会计师事务所核实；

⑤企业有良好的资信,近3年没有触犯知识产权保护等国家有关法律法规的行为。

(2)业绩

①近3年内完成的系统集成项目总值4500万元以上,工程按合同要求质量合格,已通

过验收并投入实际应用；

②近3年内完成至少一项500万元以上的项目；

③近3年内完成的系统集成项目中软件费用(含系统设计、软件开发、系统集成和技术服务费用,但不含外购或委托他人开发的软件费用、建筑工程费用等)应占工程总值30%以上(至少不低于1350万元),或自主开发的软件费用不低于750万元；

④近3年内未出现过验收未获通过的项目或者应由企业承担责任的用户重大投诉；

⑤主要业务领域的典型项目具有较先进的技术水平,经济效益和社会效益良好。

(3)技术和管理能力

①已建立企业质量管理体系,通过国家认可的第三方认证机构认证并能有效运行；

②具有完备的客户服务体系,配置专门的机构和人员；

③企业的主要负责人应具有3年以上从事电子信息技术领域企业管理经历,主要技术负责人应具备电子信息类专业硕士以上学位或电子信息类中级以上职称,且从事系统集成技术工作不少于3年,财务负责人应具有财务系列初级以上职称；

④在主要业务领域具有较强的技术实力；

⑤有专门从事软件或系统集成技术开发的研发人员及与之相适应的开发场地、设备等,有自主开发的软件产品和工具且用于已完成的系统集成项目中；

⑥用于研发的经费年均投入在50万元以上。

(4)人才实力

①从事软件开发与系统集成相关工作的人员不少于50人,且其中大学本科以上学历人员所占比例不低于80%；

②具有计算机信息系统集成项目经理人数不少于6名,其中高级项目经理人数不少于1名；

③具有系统地对员工进行新知识、新技术以及职业道德培训的计划,并能有效地组织实施与考核。

4. 系统集成四级资质

(1)企业变革发展历程清晰,从事系统集成两年以上。

(2)企业主业是系统集成,系统集成收入是企业收入的主要来源。

(3)企业产权关系明确,注册资本30万元以上,近3年经济状况良好。

(4)企业有良好的资信,近3年没有触犯知识产权保护等国家有关法律法规的行为。

(5)近3年完成的系统集成项目总值1000万元以上,其中软件费用(含系统设计、软件开发、系统集成和技术服务费用,但不含外购或委托他人开发的软件费用、建筑工程费用等)应占工程总值30%以上(至少不低于300万元),工程按合同要求质量合格,已通过验收并投入实际应用。

(6)近3年内未出现过验收未获通过的项目或者应由企业承担责任的用户重大投诉。

(7)已建立企业质量管理体系,并能有效实施。

(8)建立客户服务体系,配备专门人员。

(9)具有系统地对员工进行新知识、新技术以及职业道德培训的计划,并能有效地组织实施与考核。

(10)企业的主要负责人应具有2年以上从事电子信息技术领域企业管理经历,主要技术负责人应具备电子信息类专业硕士以上学位或电子信息类中级以上职称,且从事系统集成技术工作不少于2年,财务负责人应具有财务系列初级以上职称。

(11)具有与所承担项目相适应的软件及系统开发环境,具有一定的技术开发能力,有自主开发的软件产品且用于已完成的系统集成项目中。

(12)从事软件与系统集成相关工作的人员不少于15人,且其中大学本科以上学历人员所占比例不低于80%,计算机信息系统集成项目经理人数不少于3名。

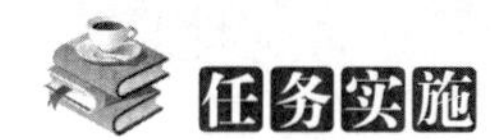

(1)学校根据教学组织和学生生活需要,须对新建学生公寓进行网络综合布线。在充分考虑各项因素后,得出以下需求计划及技术要求。请按照以下步骤编制招标公告。

具体实施步骤如下:

①与相关业务部门沟通,确定业务需求,明确网络工程建设的目的、预期实现的效果以及技术需求;

②设定投标人资格门槛,以保证施工方能满足预期的技术要求;

③根据项目的预算额度、业务需求,技术要求制订评标标准,并拟定评标组成员名单;

④请相关法务部门拟定项目合同相关条款;

⑤编制招标公告,根据附录一的格式,撰写包含项目名称、招标及开标日期、项目预期目标、保证金缴纳、项目施工要求、项目建设要求、项目预期目标、评标方式、售后及维护条款、验收方式、货款交讫方式等关键信息的招标公告;

⑥发布招标公告或者向具有要求资质的相关公司发出邀请函;

⑦组织评标专家委员会,对各投标书进行公开、公正的评标并公布结果;

⑧与中标单位签订合同。

(2)你作为某系统集成公司的负责人,请编制投标文件,文件主要响应任务实施阶段中的招标要求。

具体实施步骤如下:

①在规定时间内到招标方指定地点购买招标文件;

②阅读招标文件,明确项目业务需求、技术要求、投标须知、递交标书日期、开标日期、评标方式等关键信息;

③在与本部门技术人员沟通,确认满足招标公告中所要求的各项技术要求和规定的情况下,提出可行的设计方案;

④根据附件二格式,撰写投标书;

⑤技术部门根据招标公告所述项目设计需求提供切实可行的技术实施方案,对业务流程的实施、技术参数要求、设备的安装与使用在技术方案里提出详细说明,并与招标公告中的技术条款比较响应程度;

⑥商务部门对招标公告中所提出的商务条款与技术、售后部门沟通,并与招标公告中的商务条款进行响应比较。并在投标书中附加资质证明文件、设备供应商资质证明文件、近年来成功实施项目验收证明文件、近年来财务状况证明文件、项目代理人全权委托书等关键文件;

⑦商务部门根据技术部门设计方案的设备需求及施工要求进行工程预算,以制定切实合理的标底,并另行封装。

附件一　招标文件(样文)

1. 封面

综合布线工程招标文件

编号:JXJTZYZB－001－01

招标项目:学生公寓21栋综合布线工程

招标单位:江西交通职业技术学院(盖章)

××××年××月××日

2. 投标须知

(1)招标目的。此次招标的目的是建设先进、实用、可靠、高效、安全的信息网络系统,为学校教学及学生服务。功能上满足监控、网络传输要求,采用结构化的布线系统实现计算机设备和通信设备与外部通信网的互联,为计算机信息网络提供一套先进的布线系统,实现计算机数据、图形、图像、语音等信息传输,能够满足未来高速信息传输的要求。

(2)采购内容。本次招标包含的内容详见附件。

(3)采购项目质量要求。为满足住宿学生的需求,该布线系统在性能上应实现以下目标:

①满足宿舍楼内计算机网络系统对布线的需求。能兼容话音、数据、视频的传输,并可与外部网络进行连接。宿舍每间四个信息点,一个电话口。主干接入满足同时在线一万人。接入桌面100Mbps;

②系统为开放式结构,能支持多种计算机数据系统;

③系统网络采用星型结构,以支持目前和将来各种网络的应用;

④能满足灵活应用的要求;

⑤在大楼内除去固定于建筑物内的线缆外,其余所有的接插件都应是模块化的标准件,以方便管理和使用;

⑥新建的系统可扩充,以便将来有更大的发展时,易于设备扩展;

⑦网络管理按照一层楼一个VLAN,来划分网段。防止网络窃听和非法访问。

(4)对投标人的要求:

①在中华人民共和国工商管理部门注册具有企业法人资格,并具备招标文件所要求的资格、资质。

②提供的资格、资质证明文件真实有效,在以往的招标活动中没有违纪、违规、违约等不良行为;

③遵守《中华人民共和国招标投标法》、《中华人民共和国政府采购法》及其他有关的法律法规的规定;

④投标文件的有效期,自提交投标文件之日起90日内;

⑤投标费用,各投标人自行承担所有参与招标的有关费用。

(5)工程款支付方式。全部设备进场后经业主清点无误后支付货款的30%;在施工完毕,经业主聘请相关专家组验收合格并签署合格意见书后支付货款30%;系统正常运行满1个月后支付货款30%;余款作为工程质量保证金,在系统正常运转满1年后付清。中标人必须开具正式有效的发票。

(6)附属产品提供及售后服务要求。投标人应按有关规定承诺对业主提供附属产品、售后服务具体措施及保修期限有关文字说明。

3. 投标文件的解释

把投标人在收到招标文件后，应检查页数是否齐全，如有遗漏，应立即通知采购中心补齐。

投标人对招标文件内容理解有不清楚之处，请在购买招标文件时马上咨询。如果采购中心认为有必要，将以招标文件补充文件形式通知所有投标人。

招标补充文件为招标文件的组成部分。如文件内容有矛盾，以日期在后的文件为准。

4. 中标人的认可

投标人一旦递交了投标书，将被视为已充分理解招标文件的全部内容。

投标人一旦中标，投标书中所承诺的内容，即成为购销双方签订合同的组成部分，不得以任何理由提出附加条件。

投标人与任何人口头协议均不影响投标文件的条款和内容。

5. 开标和评标

本中心定于××××年××月××日上午××时在××地准时公开开标，迟到即视为自动弃权。

投标人应提交企业法人生产许可证副本或营业执照副本、施工许可证、法定代表人身份证等相关文件，由法定代表人或法定代表人的全权委托人参加开标和签订合同。

采购中心将成立专门的评标小组，对所有投标文件进行公正、合理的评审。

本次采取公开招标，一次性报价，密封投标，现场公开开标的方式进行。根据投标人报价、企业的实力、售后服务等因素进行综合评标，以此确定考察单位，并从其中确定最后中标单位。

6. 合同的签订

《中标通知书》发出后7个工作日内，由用户和中标人签订合同。合同签订的内容不能超出招标文件、评标过程中的补充承诺、最终书面投标的实质性内容。合同格式(附后)。

合同一式四份，用户、中标人双方签字盖章后生效。用户执两份，中标人、招标机构各执一份。履约保证金具体由用户与中标方在合同中约定。

本投标须知未尽事宜，由本中心负责解释。

联系人：×××

联系电话：××××××××

附件二　投标书(样文)

根据招标书的内容及要求，作为投标人制作投标方案的主要依据，应包括以下内容：

1. 工程名称

江西交通职业技术学院21栋学生公寓综合布线工程；

2. 投标意见书

江西交通职业技术学院：

本单位全面研究了贵单位关于《学生公寓21栋综合布线工程》(编号：JXJTZYZB-001-01)招标书和招标补充文件。本单位同意并将遵从贵单位招标文件有关规定，承担本单位的全部责任和义务。

具体如下：(略)

3. 设计原则和规范

(1)设计原则和规范。学生宿舍楼网络综合布线是为数据传输提供实用、灵活、可扩展、可靠的模块化介质通道,学生宿舍楼布线系统所用的线缆、接插件等各类设备、配件,都充分地考虑到先进性、兼容性、开放性、可靠性、灵活性、经济性的设计原则。

学生宿舍楼是学生使用校园网络的主要场所,网络综合布线要建立以计算机为主的网络基础平台,使其对校园网络信息系统的支持达到先进水平,并且保证技术领先。不仅满足宿舍楼应用的实际情况,对系统以后的扩充升级也便于实现,适用未来宿舍楼网络发展的需要。

(2)布线系统设计、原则、验收遵循的规范和标准:

①GB 50311—2007《建筑与建筑群综合布线系统工程设计规范》;

②GB 50312—2007《建筑与建筑群综合布线系统工程施工及验收规范》;

③GB 50314—2007《智能建筑设计标准》;

④中华人民共和国通信行业标准《本地电话网用户线线路工程设计规范》(YDJ 5006—2003)。

4. 法定代表人授权书

法定代表人授权书式样如下:

法定代表人授权书

兹委托我单位××××为法人授权代表,参加江西交通职业技术学院21栋学生公寓综合布线工程项目的投标活动。并全权代表我单位处理投标活动中的一切相关事宜。在招标活动中以我单位名义签订一切项目相关合同及协议,并由我单位认可同意。

委托期限:××××年××月××日—××××年××月××日。

法人代表:签名(盖章)

日期:××××年××月××日

被委托人:签名(盖章)

法人授权代表人情况:

姓名:

性别:

职务:

身份证号码:

详细通信地址:

联系电话:

5. 详细设计方案

(略)

6. 投标文件所附投标单位资质及材料

(1)营业执照副本、税务登记证复印件并携带原件。

(2)网络设计和施工许可证复印件及原件。

(3)法定代表人身份证复印件及法定代表人委托人身份证复印件。

(4)经有关部门审核的年终财务报表。

(5)代理品牌网络设备经营许可证。

(6)工程所用其他相关经营许可证。

(7)曾做过的相关工程的说明文件。

(8)其他能体现投标人信誉、实务的相关证明文件。

<table>
<tr><td rowspan="3">学习情境:综合布线工程概预算与招投标
工作任务:招投标文件编制</td><td>班级</td><td colspan="3"></td></tr>
<tr><td>姓名</td><td></td><td>学号</td><td></td></tr>
<tr><td>日期</td><td></td><td>评分</td><td></td></tr>
</table>

一、任务内容

完成网络布线综合实训室的招标文件和投标文件的编制。

二、基本知识

1. 网络综合布线工程招标和投标有哪些相关规定和条件;

2. 招标公告和投标文件所包含的内容及规范;

3. 招标方式有哪些;

4. 综合布线工程招标具体程序有哪些步骤?

三、任务实施

1. 通过阅读网络综合布线工程的需求,对建设目标进行明确分析;

2. 编制招标文件,应当包含招标的目的、需要采购的内容及质量要求、对投标人的要求、付款方式、对售后服务的要求、投标注意事项等内容(需另附文档);

3. 编制投标文件,应当包含投标意见书、法定代表人授权书、投标人应当具备的资质证明材料以及投标方案(需另附文档)。

四、任务小结

通过此工作任务的实施,各小组集中完成下述工作。

1. 你认为本次实训是否达到预期目的,有哪些意见和建议?

2. 投标书中的技术方案及施工方案应该怎样编制?

学习情境五　综合布线工程管理

情境概述

一、职业能力分析

通过本情境的学习，期望达到下列目标。

1. 专业能力

(1)掌握综合布线工程施工过程管理；

(2)掌握综合布线工程施工材料设备管理；

(3)掌握综合布线工程施工人员管理；

(4)掌握综合布线工程验收的过程。

2. 社会能力

(1)通过分组活动，培养团队协作能力；

(2)通过规范文明操作，培养良好的职业道德和安全环保意识；

(3)通过小组讨论、上台演讲评述，培养与客户的沟通能力。

3. 方法能力

(1)通过查阅资料、文献，培养自学能力和获取信息能力；

(2)通过情境化的任务单元活动，掌握解决实际问题的能力；

(3)填写任务工作单，制订工作计划，培养工作方法能力；

(4)能独立使用各种媒体完成学习任务。

二、学习情境描述

通过学习，模拟一栋智能建筑的工程施工，掌握综合布线工程施工中施工过程、材料设备、人员、施工安全的管理以及综合布线工程的验收过程。

三、教学环境要求

(1)学习情境要求在理实一体化专业教室和专业实训室完成。实训室配置要求：

①计算机(用于查询资料以及编写方案)；

②任务工作单；

③多媒体教学设备、课件和视频教学资料等。

(2)建议学生3～4人为一个小组，各组独立完成相关的工作任务，并在教学完成后提交。

工作任务一　施工与质量管理

任务概述

1. 应知应会

(1)通过本工作任务的学习与具体实施,学生应学会下列知识:

①熟悉综合布线工程施工当中线槽施工的工序;

②熟悉综合布线工程施工当中线管施工的工序;

③熟悉综合布线工程施工序。

(2)学生应该掌握下列技能:

①了解综合布线工程施工当中线槽施工的工序;

②了解综合布线工程施工当中线管施工的工序;

③了解综合布线工程施工序。

2. 学习要求

(1)学生在上课前,应到本课程的网站中预习本工作任务的相关教学内容。

(2)本课程采用理实一体化的模式组织教学,学生在学习过程中,要注重理论与实践的结合,提高自己的动手能力。

(3)每个工作任务学习结束过程后,学生应独立完成任务工作单的填写。

相关知识

1. 线槽施工工序

根据现场施工要求及自身工作安排,线槽施工前首先做好一些准备工作:

(1)施工工具的准备包括冲击钻、切割机、手电钻、手磨机、水平尺、激光定仪。

(2)线槽安装线路的检查:

①施工前组织相关人员到现场针对施工图考察现场进行线槽路由及标高定位;

②对于施工图纸路由于现场实际行不通时,现场确定施工路由方案(包括安装顺序);

③现场确定的施工路由方案的需重新出图以确认;

④现场确定路由方案相关人员签字;

(3)线槽施工工艺及质量要求。

①吊杆安装:

a. 激光定位打孔(或墨线定位),每对吊杆孔位置间距需均匀(必须与角铁的孔间距一致,在施工前须交底清楚);

b. 吊杆切割。针对线路检查时标高定位的要求切割,同一水平的吊杆长短须一致(上下坡情况需按照现场确定);

c. 上顶爆、固定吊杆须垂直(如不垂直须当场整改);

②角铁除锈上漆、安装固定:

a. 切割角铁(安装同一规格线槽角铁长度须一致);

b. 角铁钻孔(角铁钻孔需用台钻,上吊杆的两孔距离角铁边的距离需相等,中间稳定线槽的孔也需同时开钻,所有角铁的中间孔位置一致);

c. 除锈干净、上漆均匀(规定防锈漆的上漆次数);

d. 检查角铁是否合格(必须由质检员检查,检查内容包括上漆质量、螺钉孔的间距),安装角铁;

③线槽连接安装:

a. 线槽连接需紧密、螺栓连接需拧紧、上挂线槽;

b. 使用水平尺调整线槽、固定线槽;

c. 线槽脱漆需作补漆均匀、过墙需加套管;

d. 线槽过墙需开墙洞,墙洞尺寸须统一交底,墙洞需平滑、线槽套管须统一定制。

④上下坡线槽制作:

a. 上下坡线槽制作按照现场方案制作坡度(方案须审批同意后才能执行);

b. 制作上下坡切割尺寸时需准确;

c. 切割线槽需清除毛刺,补漆均匀;

2. 线管施工工序

根据现场施工要求及施工环境,线管施工前也要做好一些准备工作:

(1)施工工具的准备包括冲击钻、切割机、手电钻、钻孔器、卷尺。

(2)确定施工方案:

①根据图纸精确定各个点位具体位置包括门禁、监控点位的水平尺寸、垂直尺寸;

②现场拟定施工方案,包括线管排列顺序、走向、弯曲角度及距离、底盒数量及位置(须审批通过才能执行);

③确定线管固定方式、吊架安装方法。

(3)线管施工质量标准及要求。

①墙体开洞:

a. 根据现场情况拟定洞口尺寸及位置;墙洞需平滑;

b. 线槽开孔:依据线管大小使用合适的钻孔器开孔,去除线槽边上毛刺及线管边上毛刺。

②线管安装:

a. 根据现场情况贴墙或贴梁安装;

b. 线管安装固定时,管卡固定安装间距需均匀;

c. 线管安装两个90°弯或长度15m时需增加一个底盒加以转接;

d. 线管安装走向需水平垂直;

e. 有一条以上的线管从线槽引出时,不能出现交叉现象,需要拐弯时,弯度须一致。

3. 综合布线施工工序

综合布线施工工序是根据本专业的特点及其要求的施工质量保证而分解,它分为施工前优化设计、施工时的现场优化及交底、信息点的编号、线缆布放过程、线缆的端接质量要求(含工作区及机柜端接)信息点的测试、阶段性自检、完工后的验收、完成竣工资料。

(1)施工前优化设计:

施工前的优化设计主要是对施工图的深化,目的是为了达到质量技术管理的目标,它包括施工设计的成本目标、施工设计的进度目标和施工设计的质量目标。

施工设计成本目标的控制,最为关键环节是:施工前的优化设计、施工时现场技术优化及交底。在施工前优化设计阶段应更加注重于线缆的路由走向,具体包括:

①路由的走向选择:

a. 按实结算的项目(注意:所有的变更工程都是按实结算的),在报给业主的施工图框架

上,作局部优化,原则是:明装的不改动、暗装的尽可能优化;

b. 总价包干的项目,在任何情况下选择最短路由走向(或最经济路由);

c. 线缆越多的管道路径越重要。

②材料型号规格的选择:

a. 管道的大小及厚度优化,满足技术要求的前提下,原则是:明装的不改动、暗装的尽可能减少;

b. 线缆的线径优化,先了解最低满足技术要求的线径,原则是:明装的不改动、暗装但能抽检的须评估风险、暗装且不能抽检的尽可能减少;

c. 材料的长度规格优化,选择最好的长度规格,避免材料浪费;

d. OEM 产品的选择,满足质量要求的前提下,原则是:主要材料不改动、辅助材料由甲方指定品牌的须评估风险、辅助材料非甲方指定的尽可能降低成本。

③施工方法的选择:

a. 减少施工难度,有效降低施工劳务成本;

b. 选择有效的施工方法,可减少材料浪费,例如:放线、管槽安装等;

c. 选择有利的施工顺序,可降低劳务成本及材料成本。

(2)施工优化设计的进度计划及进度控制:

①制定施工优化设计进度计划,且比施工进度提前(须预留时间给现场优化);

②施工优化设计进度计划(例如:材料优化)必须预留订货时间;

③设定里程碑控制点,作为进度控制的底线。

(3)施工设计的质量目标控制:

"先优化,再施工"是现场施工管理的前提及核心,因此施工优化设计的进度会直接影响施工进度(经常因为赶工期而放弃了优化方案,造成成本增加)。

施工优化设计的质量控制是为了确保施工劳务人员的最终工作成果不但要满足系统功能而且满足施工优化设计目标,包括以下几个方面:

①对平面图优化设计的审核,管槽的路由的深化设计是否清楚明了且可行的,且线槽线管的大小、标高是否清晰;

②审核在平面图中的线槽大小是否合理,且信息点安装位置是否合理;

③清晰表明各类插座(在装修面上的)安装标高、质量标准;

④清晰表明管槽的安装标准、机房机柜的安装标准;

⑤清楚表明系统测试标准及测试办法;

⑥清楚表明须收集的过程资料及最终资料;

⑦清楚表明成品保护的标准及办法;

⑧在施工前,对施工队进行技术交底,根据情况进行培训考核;

⑨跟踪施工过程,根据施工效果,对施工队进行再交底、再培训考核。

(4)变更工程的施工优化设计的进度控制:

①变更工程发生后,尽快做出结算施工图,然后在该基础上进行施工优化设计;

②变更工程的优化设计必须按紧急情况处理,逐日跟踪。

4. 施工时现场技术优化及交底

施工时现场技术优化及交底是根据现场实际情况进行进一步优化,同时对施工劳务队伍的交底,具体包括:

(1)施工时现场技术优化：

①根据现场实际情况，在具体施工前，对管槽路径做进一步优化；

②根据现场实际情况，对施工方法做进一步优化(可与施工队探讨)；

③对于定制的产品，须根据现场情况做进一步优化，然后订货。

(2)施工前现场技术交底(分阶段性进行交底)：

①在具体施工前，与施工队探讨施工方案，并做实地交底；

②必须做材料使用方法的专题交底，特别是管槽、线材、易损耗材料；

③在施工早期，对施工队进行手把手地指导，确保其掌握施工方法；

④施工过程中的技术优化：

a. 跟踪施工过程，根据施工效果，对施工方法进行进一步优化；

b. 跟踪施工过程，根据材料使用情况，对材料使用方法进行优化；

c. 跟踪施工过程，根据施工效果，对工序进行有效调整。

5. 信息点的编号

标签作为综合布线施工过程中的一个重要环节，它不但可以方便我们更好地区分、整理和测试线缆，而且让我们施工完成以后的维护更容易以及让我们的用户使用也更为方便。在整个施工过程当中，标签工作存在着两个阶段，首先是在线缆布放时，每根线始端和终端都必须有标签，且前后必须一致，用以标识、辨认该线缆，否则以后的端接、测试工作将无法进行；其次就是线缆在端接完成后在工作区和设备间的张贴，工作区端和设备间端对应的标签也必须一致，这一阶段的工作是把前面线缆上的标签更加整齐、美观地张贴在工作区的面板和设备间的配线架上。

因此，前一阶段是后一阶段的前提和基础，如果前一阶段工作中某一线缆的标签出现错误，我们将会花费人工时间去寻找该线缆，甚至还可能重新布线。当线缆标签出现一定数量的错误时必将导致整个施工工作进入混乱状态，在无形中也会导致人工、材料、时间等各项成本的增加。

(1)标签的编制办法：

①水平线缆标签的编码规则如图 5-1 所示。

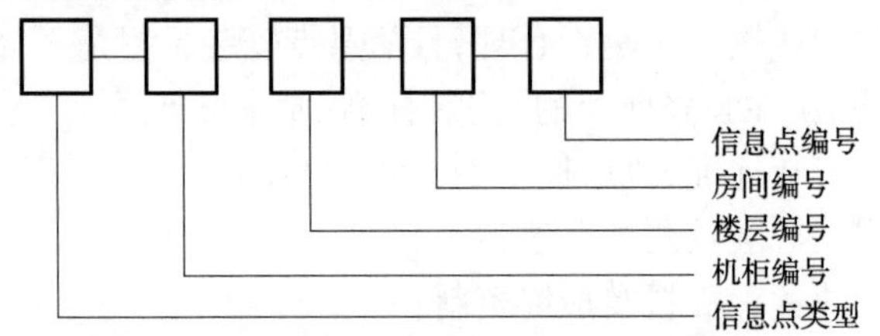

信息点编号：房间内部信息点编号，从进门左手边开始，顺时针统计，例如01-99。

房间编号：按照楼宇房间编号处理，例如：201。

楼层编号：线缆连接信息点所属楼层，例如：01、11。

机柜编号：mFDn,其中m表示管理间所在楼层，n表示管理间中的。

机柜编号，例如：2FD1。

信息点类型：T表示语音，D表示数据，S表示单模光纤、M表示多模光纤，R表示弱电电缆。

图 5-1　水平线缆标签的编码规则

例如：D－2FD1－01－201－01 这里“D”表示该信息点类型是数据，“2FD1”表示存放机柜的管理间在 2 楼信息点在进门左边开始的第 1 个机柜中，“01”表示信息点楼层的编号，

"201"表示房间编号,"01"表示信息点编号。

②垂直干线标签的编码规则如图 5-2 所示。

例如:SYV - 机电楼 - 1FD201 - 2FD1 - 01 这里"SYV"表示同轴电缆,"机电楼"表示建筑物的名称,"1FD201"表示所属设备间的楼层在 1 楼 201 室,"2FD1"表示机柜的位子在 2 楼管理间进门左边开始的第 1 个机柜,"01"是垂直干线的编号。

③机柜标签的编码规则如图 5-3 所示。

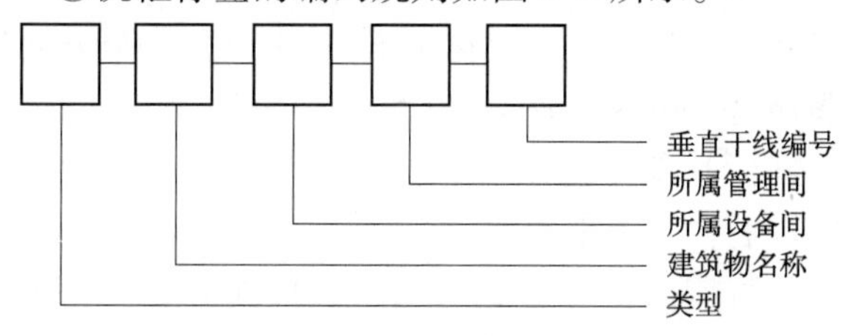

垂直干线编号：常用编号为2位数字，例如：01-99。
所属管理间：mFDn,其中m表示管理间所属楼层，n表示管理间中机柜编号，例如2FD1。
所属设备间：mBDx，其中m表示设备间所属楼层,x表示设备间房间编号，例如：1FD201。
建筑物名称：垂直干线所属建筑，一般为设计图纸名称，例如：机电楼。
类型：垂直干线线缆类型，S表示单模光纤，M表示多模光纤，SYV表示同轴电缆，SWYV表示闭路电视同轴电缆，HYV表示大对数电缆。

图 5-2　垂直干线标签的编码规则

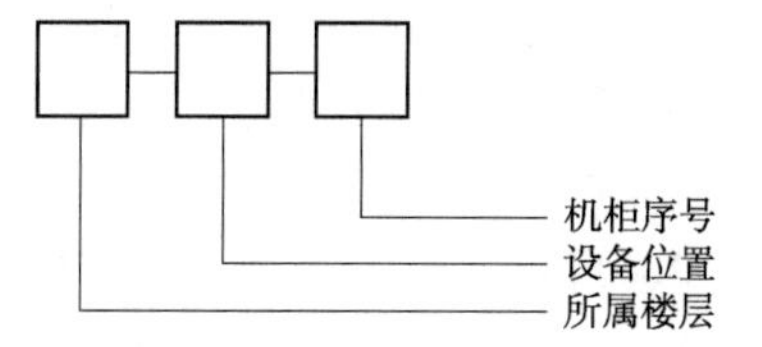

机柜序号：可以以进门第一个机柜开始编号，例如：1–9。

设备位置：是属于管理间还是设备间，例如：FD表示管理间，BD表示设备间。

所属楼层：一般按照建筑物实际楼层进行编号，例如：11。

图 5-3　机柜的标签的编码规则

例如:11 - BD - 8 这里"11"表示机柜所属楼层,"BD"表示机柜在设备间中,"8"表示机柜在设备间进门左手边数起第 9 个。

④建筑物干线标签的编码规则如图 5-4 所示。

例如:SWYV - 机电楼 2FD3 - 信息楼 2FD2 - 02,这里"SWYV"表示闭路电视同轴电缆,"机电楼 2FD3"表示机电楼 2 楼管理间进门左边第 3 个机柜,"信息楼 2FD2"表示信息楼 2 楼管理间进门左边第 2 个机柜,"02"表示建筑物干线编号。

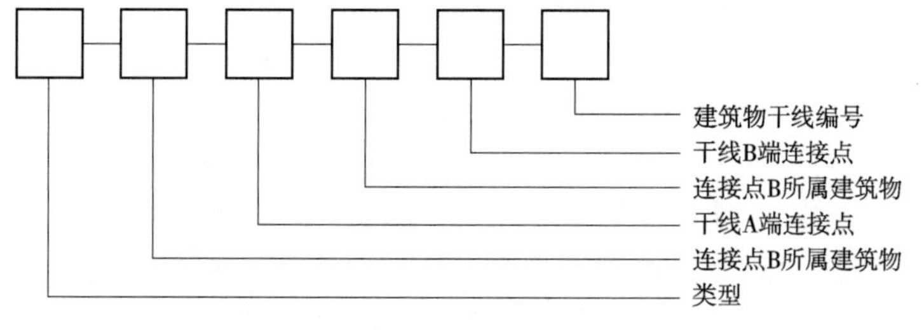

建筑物干线编号：常用编号为2位数字，例如：01-99
干线A/B端连接点：一般为管理间或者是设备间，mFDn或mBDn表示，其中m均表示连接点所属楼层，n表示机柜编号。
连接点A/B所属建筑物：一般为设计图纸名称，例如：机电楼。
类型：垂直干线线缆类型，S表示单模光纤，M表示多模光纤，SWYV表示闭路电视同轴电缆，HYV表示大对数电缆。

图 5-4　建筑物干线标签的编码规则

(2)标签的编制顺序。施工图纸上的标签必须由项目现场工程师根据现场情况要求做初步的编码及制作,在施工图上制作标签时须按以下两项原则进行:

①标签按顺序分布,根据建筑物的布局,按照一定的顺序编号,中间不能出现断码现象,

方便日常维护需要；

②标签的编码顺序与施工放线顺序一致，线缆布放完成后，紧跟其后的就是机柜端理线及端接，如果布线时标签序号都是连续的，工人就不必在理线时花大量时间去重新编排线缆序号，进而可以节约时间成本。一般情况，线缆铺放的顺序与线槽线管走向有关，现场工程师有必要与施工人员共同探讨——线缆铺放顺序，从而确定标签的编码顺序。

（3）施工过程中的标签管理。作为一个专业化的综合布线工程公司，在施工中对于标签工作的要求更应该严格，在客户面前更应能体现出我们的专业化水准，基于以上几个方面的要求，对标签的管理工作应从以下几个步骤进行规范化管理：

①为了防止出现错漏，在放线前必须作好标签制作工作（没作好，不允许施工），现场工程师制作完施工图标签后必须详细复查，完成后提交由工程部审核；

②工程部审核后的施工图纸，统一由公司打印出来（或晒蓝图，份数根据需要），由工程部技术负责人及工程部经理签字后，发放到项目部（工程部需要留底）；

③项目组现场负责人在施工前，再次审核施工图纸（标签），并在施工图中签字（至少一式两份，一份留在项目组，一份给施工人员）；

④施工人员来领施工图纸时（尽可能地根据施工进度的安排，分批发放图纸），必须再次审核标签，并在施工图纸签字（项目组在开展施工工作之前，必须且一定要对施工队给予施工图纸全面的交底工作，对标签的编码做详细的讲解）；

⑤在布线时须把标签的号码要完整地写在线缆上（必须贴标签纸），不能只是简单地作为一个记号来使用，现场工程师需在放线时进行抽检——确定标签是否按照图纸标识；

⑥每天放线完成后，现场工程师全部检查该天所铺放的线缆标签，确保标签与施工图纸一致；

⑦项目现场负责人定期抽签已铺设完的线缆标签，确保标签与施工图纸一致。

6. 施工过程中线缆布放控制

（1）在线缆布放前，工程部向项目组进行施工图纸交底（项目工程师须向施工人员进行交底），交底重点是——线缆路由、每个地方线缆预留的长度、线缆铺放顺序（特别是主干）。

（2）线缆路由交底——每条线缆布放有可能存在不同路径（特别是主干），必须明确每条线缆的路径（当然是最短路径），并对施工人员进行交底（为了防止出现遗漏现象，现场管理人员不能一次性交底完毕，可按照施工现场分区域以及不同时段进行交底）。

（3）线缆预留长度交底——线缆（包括主干）在机房端、插座端等预留的长度不一，应根据深化施工图纸进行精确计算，制定各种线缆在不同区域所预留的精确长度（注意：开放式办公区、会议室、墙面、地面等预留长度不一样，须详细分析），对于以上的交底工作，线缆布放完成后，现场人员与仓管人员都应清楚地了解每次施工队领取材料的使用位置，以便于更好地掌握施工工人是否按照所交底的要求进行施工。

（4）线缆布放顺序交底——由于水平线缆（双绞线 305m/箱）主干等都有包装长度，如何布放可使余料废料降低到最少，应进行合理规划（例如：水平线缆布放时，一般每箱短于 40～50m 后，不再布放，等找到适合长度的地方再铺放）。

（5）每次技术交底工作必须有备案存底（双方签字），包括工程部向项目组交底、项目组向施工人员交底。

（6）项目组向施工人员可分阶段交底，在不同区域的线缆铺设前进行，交底后才能发放材料。

（7）施工人员领用材料时，需明确布放区域及数量，项目组工程师进行审核（再一次审核线缆布放路由、布放顺序、预留长度)，在库房领料单中必须标明材料使用的区域。

(8)施工人员按照项目工程师交底的方式进行线缆布放，同时记录每一条线缆的长度(具体办法记录每条线缆两端的长度标号，剩余线缆在包装箱标明长度)，现场施工管理人员监督施工人员布放线缆——布放路径、布放顺序、预留长度，并记录情况。

(9)每铺放完一个区域的线缆，施工人员将余料废料归库，现场施工管理员、材料管理员与施工人员再一次核对材料施工情况，三方在退料单中签字确认。

(10)在施工过程中，存在线缆暂时无法布放到位的情况，只能预留，其预留长度必须经项目工程师审核同意后才能执行，对该预留的线缆应妥善保护(可挂在高处或用胶带保护或用塑料袋保护)；水平线缆布放，尽可能地按照标签顺序铺放。

(11)在线缆布放时，在弱电间内，每次放线时线缆包扎在一起(最好标识好每一扎线内有哪些标签的线缆，以便理线)。

(12)对于线缆很多的机房(超过 240 个点)，在布线时就在弱电间简单分类(可小扎线分成几个大扎，简单包扎并标明内容，至少使不同机柜的线缆已经分开)。

(13)线缆预留的常见现象。

①在墙面插座信息点(或已经有明确位置的信息点)的预留一般要 20cm 长度。

②在开放办公区，家具位置暂时不能固定的，这时线缆预留长度一般情况有以下两种情况：

a. 有线管直接从线槽连接到家具位置处的预留长度为 30 ~ 50cm；

b. 线缆直接从线槽处到家具位置处，就要根据准确的家具图纸测量其实际长度预留长度为 30 ~ 50cm；

③弱电间机柜端的预留(下走线和上走线两种情形)，下走线时线缆从机柜底算起的最高位置处预留长度为 3m，再根据其他配线架具体位置做相应减少预留长度；上走线时线缆从机柜顶端算起的预留长度为 2m，再根据其他配线架具体位置也做相应减少预留长度。

7. 线缆端接的质量要求

线缆端接的质量要求包含机房端的端接及工作区的端接，其中机房端接包括机柜内的理线、配线架的端接以及配线架上信息点的标签粘贴。

(1)机柜内的线缆的理线需平整、松紧适度，线缆上的扎线间距需均匀，扎线的扎眼需整齐划一，从机柜后端接到配线架模块上的线缆每根线缆形成一个平整的弧度。

(2)线缆在配线架上模块上的端接需卡接紧，应避免交叉错接及断接现象。

(3)配线架上粘贴的信息点标签应与线缆上的标签一致。

(4)工作区的线缆端接要求线缆的线对需与模块上的标色对应，不得交叉错接，且需卡接紧。

8. 信息点的测试

信息点的测试包含水平信息点测试及光纤主干测试，是在水平线缆及光纤主干线缆布放、端接完成后的最后工作。是根据系统要求对线缆进行的测试工作，也是对线缆端接质量的验收，因此必须对每个信息点都进行校验。

9. 施工工艺跟踪与记录

为了保证施工质量，参照以上的施工质量管理要求，在线管、线槽及布线进行大批量施工工作前都需建立一个施工样本，对样本中各个施工工艺及步骤按照质量管理要求内容做详细的工艺跟踪与记录，样本完成确认后，随后所有相关的施工工艺及质量都按照此样本推行。

对于每个样本的完成都应以拍照及工艺、质量交底记录在案，随后的施工也应阶段性地做过程记录。此类记录都在施工工艺记录跟踪表中体现。

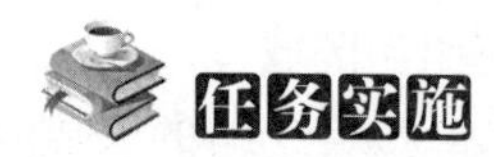

任务实施

模拟一个工程施工，按施工工序完成施工步骤。任务的实施步骤如下：

（1）进入实训室，在实训设备上模拟工作区子系统，对工作区子系统进行综合布线系统施工。

（2）根据施工过程以表格的形式提交所需材料及工具清单并领取相应实训工具及材料。

（3）根据线槽的施工工序完成工作区子系统到管理间的线槽布线安装。

（4）模拟工作区子系统进行信息插座的安装并对其进行编号。

（5）在模拟的管理间中，对由模拟工作区子系统布到模拟管理间的线路进行编号。

（6）在施工过程中，检查是否按照工序完成施工，检查信息点到管理间的编号是否符合要求，完成施工。

任务工作单

<table>
<tr><td rowspan="3">学习情境：综合布线工程管理
工作任务：模拟工程施工，按施工工序完成施工</td><td>班级</td><td colspan="3"></td></tr>
<tr><td>姓名</td><td></td><td>学号</td><td></td></tr>
<tr><td>日期</td><td></td><td>评分</td><td></td></tr>
<tr><td colspan="5">一、任务内容
模拟一个工程施工，按施工工序完成施工步骤。
二、基本知识
1. 线槽施工前首先做好哪些准备工作？
2. 线管施工前也要做好哪些准备工作？
三、任务实施
1. 到现场勘察，查看施工环境；
2. 根据任务领取材料与工具；
3. 根据模拟图纸对工作区子系统进行布线施工；
4. 根据模拟图纸对水平子系统进行布线施工；
5. 根据模拟图纸对垂直干线子系统进行布线施工。
四、任务小结
通过此工作任务的实施，各小组集中完成下述工作。
1. 你认为本次实训是否达到预期目的，有哪些意见和建议？

2. 在综合布线中，线管的布线安装工序。

3. 在综合布线中，线槽的布线安装工序。

4. 在综合布线中，信息点的安装应注意哪些方面？</td></tr>
</table>

工作任务二　综合布线工程人员管理

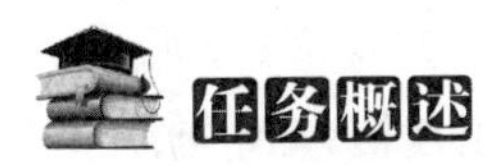

1. 应知应会

(1)通过本工作任务的学习与具体实施,学生应学会下列知识:

①熟悉综合布线工程施工当中人员组织安排;

②熟悉综合布线工程施工当中工程情况与组织施工;

③熟悉综合布线工程施工工程项目的组织协调。

(2)学生应该掌握下列技能:

①掌握综合布线工程施工总的人员组织安排过程;

②掌握了解综合布线工程施工当中工程的情况与组织施工;

③掌握在综合布线工程当中的组织与协调。

2. 学习要求

(1)学生在上课前,应到本课程的网站中预习本工作任务的相关教学内容。

(2)本课程采用理实一体化的模式组织教学,学生在学习过程中,要注重理论与实践的结合,提高自己的动手能力。

(3)每个工作任务学习结束过程后,学生应独立完成任务工作单的填写。

1. 人员管理

综合布线作为一个系统工程已经成为目前的现代化智能大楼不可缺少的一部分。从施工的角度看,综合布线作为一个独立的系统,它在工程项目总体施工部署和管理目标的指导下,形成自身的项目管理方案和目标,按照其预先设计、达到相应等级以及质量的要求,如期建成交付使用。

工程签订合同,接收到工程项目总部(或建设方、监理)《工程施工入场通知单》日起,综合布线项目部成立并进入工程现场准备开始施工。

2. 人员组织安排

项目部成立,应做出相应的人员安排,根据现场的实际情况,如工程项目较小,可1人承担2~3项工作。

(1)项目经理:具有综合布线系统工程项目的管理与实施经验,监督整个工程项目的实施,对工程项目的实施进度负责;负责协调解决工程项目实施过程中出现的各种问题。负责与业主及相关人员的协调工作。

(2)技术人员:要求具有丰富工程施工经验,对项目实施过程中出现的进度、技术等问题,及时上报项目经理。熟悉综合布线系统的工程特点、技术特点及产品特点,并熟悉相关技术执行标准及验收标准,负责协调系统设备检验与工程验收工作。

(3)质量、材料员:要求熟悉工程所需的材料、设备规格,负责材料、设备的进出库管理和库存管理,保证库存设备的完整。

(4)安全员:要求具有很强的责任心,负责巡视日常工作安全防范以及库存设备材料的安全。

(5)资料员:负责日常的工程资料整理(图纸、洽商文档、监理文档、工程文件、竣工资料等)。

(6)施工班组人员:承担工程施工生产,应具有相应的施工能力和经验。

3. 熟悉工程情况、组织施工

熟悉工程状况后,项目组成员,分工明确,责任到人,同时还应发扬相互协作精神,严格按照各项规章制度、工作流程、开展工作。

(1)施工机械设备的准备,综合布线施工无大型施工工具,主要为电钻、电锤、切割机、网络测试仪、线缆端接工具、光纤熔接、测试机器等。

(2)熟悉综合布线设计文件,掌握系统设计要点,熟悉施工图纸对施工班组技术交底。

(3)制订工程实施方案,工程实施方案由项目经理负责组织,设计人员负责完成。应根据整体工程进度,编制综合布线工程施工组织设计方案,编制工程施工进度计划表。

(4)工程材料进场,应根据施工进度计划,设备、材料分批次采购进场并组织相关人员(建设单位、监理单位)检验。检验合格后应形成建设单位或监理单位签收的书面文件。以作为工程结算的文件之一。

(5)工程实施,由项目经理负责组织,由工程技术组,质量管理组,施工班组完成。

在整个实施过程中,以控制工程质量为主,以控制工程进度为辅,不断督导检查,以执行标准为设计依据,以工程验收标准为检验依据,保证工程顺利完成,直至工程验收。

4. 工程项目的组织协调

工程项目在施工过程中会涉及很多方面的关系,一个建筑施工项目常有几十家涉及不同专业的施工单位,矛盾是不可避免的。协调作为项目管理的重要工作,是要有效地解决各种分歧和施工冲突,使各施工单位齐心协力保证项目的顺利实施,以达到预期的工程建设目标。协调工作主要由项目经理完成,技术人员支持。

综合布线项目协调的内容大致分为以下几个方面:

(1)相互配合的协调,包括其他施工单位、建设单位、监理单位、设计单位等在配合关系上的协调。如与其他施工单位协调施工次序的先后,线管线槽的路由走向,或避让强电线槽线管以及其他会造成电磁干扰的机电设备等;与建设单位、监理单位协调工程进度款的支付,施工进度的安排,施工工艺的要求、隐蔽工程验收等;与设计单位协调技术变更等。

(2)施工供求关系的协调,包括工程项目实施中所需要的人力、工具、资金、设备、材料、技术的供应,主要通过协调解决供求平衡问题。应根据工程施工进度计划表组织施工,安排相关数量的施工班组人员以及相应的施工工具,安排生产材料的采购,解决施工中遇到技术或资金问题等。

(3)项目部人际关系的协调,包括工程总项目部、本项目部以及其他施工单位的人际关系,主要为解决人员之间在工作中产生的联系或矛盾。

(4)施工组织关系的协调,主要为协调综合布线项目部内技术、材料、安全、资料施工班组相互配合。

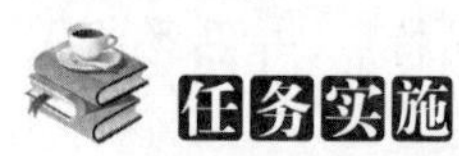

模拟一个工程,对工程施工人员进行组织安排。任务的实施步骤如下:

(1)根据模拟施工工程进行人员角色分布:

①学生可以分小组模拟组成施工队;

②小组分好后，由小组自行分配组员在工程中所扮演的角色。

(2)根据小组模拟的人员角色模拟一次组织施工。

(3)根据施工过程，小组成员完成自己模拟的角色所需要执行的工作。

任务工作单

<table>
<tr><td rowspan="3">学习情境：综合布线工程管理
工作任务：模拟工程施工人员组织安排</td><td>班级</td><td colspan="3"></td></tr>
<tr><td>姓名</td><td></td><td>学号</td><td></td></tr>
<tr><td>日期</td><td></td><td>评分</td><td></td></tr>
</table>

一、任务内容

模拟一个工程，对工程施工人员进行组织安排。

二、基本知识

1. 从施工的角度看，综合布线作为一个独立的系统，它在工程项目总体施工部署和管理目标的指导下，形成自身的项目________和________，按照其预先设计、达到相应________以及________的要求，如期建成交付使用。

2. 工程签订合同，接收到工程项目总部(或建设方、监理)________日起，综合布线项目部成立并进入工程现场准备开始施工。

3. 项目经理：具有综合布线系统工程项目的________与________经验，监督整个工程项目的实施，对工程项目的实施进度负责。

4. 技术人员：要求具有丰富工程________，对项目实施过程中出现的__________________等问题，及时上报项目经理。

三、任务实施

1. 在综合布线实训室模拟工程进行人员角色分布；

2. 在综合布线实训室模拟工程对分布的人员角色进行管理；

3. 在综合布线实训室模拟工程按人员组织安排进行施工。

四、任务小结

通过此工作任务的实施，各小组集中完成下述工作。

1. 你认为本次实训是否达到预期目的，有哪些意见和建议？

2. 在综合布线工程中，都有哪些人员？

3. 在综合布线工程中，人员具体工作是什么？

4. 在综合布线工程中，人员施工工序是怎样的？

工作任务三　综合布线工程施工安全管理

1. 应知应会

(1)通过本工作任务的学习与具体实施,学生应学会下列知识:

①熟悉综合布线工程施工当中施工安全的注意事项;

②熟悉综合布线工程施工当中工具的使用安全。

(2)应该掌握下列技能:

①能够在施工过程中注意施工安全事项;

②能够安全的使用施工工具。

2. 学习要求

(1)学生在上课前,应到本课程的网站中预习本工作任务的相关教学内容。

(2)本课程采用理实一体化的模式组织教学,学生在学习过程中,要注重理论与实践的结合,提高自己的动手能力。

(3)每个工作任务学习结束过程后,学生应独立完成任务工作单的填写。

安全生产是重中之重,所以施工人员进入施工现场前,进行安全生产教育,并在每次协调、调度会上,都将安全生产放到议事日程上,做到处处不忘安全生产,时刻注意安全生产。

施工现场工作人员必须严格按照安全生产、文明施工的要求,积极推行施工现场的标准化管理,按施工组织设计,科学组织施工。施工现场全体人员必须严格执行《建筑安装工程安全技术规程》和《建筑安装工人安全技术操作规程》。按照施工总平面图设置临时设施,严禁侵占场内道路及安全防护等设施。施工人员应正确使用劳动保护用品,进入施工现场必须戴安全帽,高处作业必须拴安全带。严格执行操作规程和施工现场的规章制度,禁止违章指挥和违章作业。

施工用电、现场临时电线路、设施的安装和使用必须按照国家现行的标准进行,严禁私自拉电或带电作业。使用电气设备、电动工具应有可靠保护接地,随身携带和使用的工具应搁置于顺手稳妥的地方,以防发生事故伤人。

高处作业必须设置防护措施,施工用的高凳、梯子、人字梯、高架车等,在使用前必须认真检查其牢固性。梯外端应采取防滑措施,并不得垫高使用。在通道处使用梯子,应有人监护或设围栏。人字梯距梯脚40～60cm处要设拉绳,施工中,不准站在梯子最上一层工作,且严禁在这上面放工具和材料。吊装作业时,机具、吊索必须先经严格检查,不合格的禁用,防止发生事故。立杆时,应有统一指挥,紧密配合,防止杆身摆动,在杆上作业时,应系好安全绳。在竖井内作业,严禁随意蹬踩电缆或电缆支架;在井道内作业,要有充分照明;安装电梯中的线缆时,若有相邻电梯,应加倍小心注意相邻电梯的状态。遇到不可抗力的因素(如暴风、雷雨),影响某些作业施工安全,按有关规定办理停止作业手续,以保障人身、设备等安全。

当发生安全事故时,由安全员负责查原因,提出改进措施,上报项目经理,由项目经理与有关方面协商处理;发生重大安全事故时,应立即报告有关部门和业主,按政府有关规定处理,做到四不放过，即事故原因不明不放过，事故不查清责任不放过，事故不吸取教训不放过，事故不采取措施不放过。安全生产领导小组负责现场施工技术安全的检查和督促工作，并做好记录。

任务实施

模拟施工查看在工程施工中是否按照安全规范进行施工。任务的实施步骤如下：

（1）模拟高空作业查看是否达到安全规范。

模拟脚手架施工；使用前查看在脚手架是否稳固，脚手架与是否放在水平位置使用；在使用脚手架施工过程当中，下方是否有人员协助。

（2）模拟施工查看在施工过程中人字梯的使用是否到达安全规范。

检查人字梯四脚是否落地；检查人字梯安放是否平稳；检查人字梯梯脚是否有防滑橡皮垫或做防滑处理；检查人字梯保险拉链是否正常；人员在人字梯上作业时，工具的摆放是否安全。

（3）模拟施工查看在施工过程中工具的使用是否到达安全规范。

查看工具使用时是否按照规范操作；查看工具使用完后是否摆放在安全区域；使用电钻，电锯等工具时是否带有防护眼罩；工具使用完后是否按照类别进行收纳保管。

任务工作单

学习情境：综合布线工程管理 工作任务：进行工程施工中的安全管理	班级			
	姓名		学号	
	日期		评分	

一、任务内容

模拟施工查看在工程施工中是否按照安全规范进行施工。

二、基本知识

1. 施工现场工作人员必须严格按照________、________的要求，积极推行施工现场的标准化管理，按施工组织设计，科学组织施工。

2. 施工现场全体人员必须严格执行__________和__________。

3. 高处作业必须设置防护措施，并符合__________的要求。

4. 人字梯距梯脚____ cm 处要设拉绳，施工中，不准站在梯子____工作，且严禁在这上面放工具和材料。

5. 当发生安全事故时，由______负责查原因，提出改进措施，上报______，由______与有关方面协商处理。

三、任务实施

1. 在实训室模拟工程施工；

2. 在实训室模拟施工的同时检查施工过程中是否存在安全隐患；

3. 在实训室模拟施工的同事观察是否存在工具使用安全隐患。

四、任务小结

通过此工作任务的实施，各小组集中完成下述工作。

1. 你认为本次实训是否达到预期目的，有哪些意见和建议？

2. 在综合布线中，线管的布线安装工序有哪些？

3. 在综合布线中，线槽的布线安装工序有哪些？

4. 在综合布线中，信息点的安装应注意哪些方面？

工作任务四　综合布线工程材料与设备管理

1. 应知应会

(1)通过本工作任务的学习与具体实施,学生应学会下列知识:

①了解综合布线工程材料与设备采购管理制度。

②了解综合布线工程材料与设备的使用管理制度。

(2)应该掌握下列技能:

①知道综合布线工程材料与设备采购管理制度。

②知道综合布线工程材料与设备的使用管理制度。

2. 学习要求

(1)学生在上课前,应到本课程的网站中预习本工作任务的相关教学内容。

(2)本课程采用理实一体化的模式组织教学,学生在学习过程中,要注重理论与实践的结合,提高自己的动手能力。

(3)每个工作任务学习结束过程后,学生应独立完成任务工作单的填写。

 相关知识

1. 材料、设备采购管理制度

(1)大宗材料的采购是针对特定工程项目所需要的建设工程材料的采购,这类材料需整批购入,以便施工项目的展开。

这类材料的采购流程如下:

①技术人员及相应工程预算人员根据图纸编制《材料预算书》;

②《材料预算书》编制完成后送交技术总负责人复审,复审过程中应及时与技术人员联系,并解决相应问题;

③《材料预算书》复审通过后送交主管领导审核、签字确认,并将终稿下发材料采购员正式联系采购事宜;

④大宗材料的采购应采用招标的方式进行,遵循"货比三家,就近采购"的原则,并将招标情况上报主管领导,主管领导根据询价结果比质比价决定供货厂家;

⑤供货厂家确认后,由采购员依据法律法规与供货商签订供销合同,合同所包含的内容应有:材料规格型号、数量、价格及金额、运输方式和交货方式、运输费用和税金承担情况等所必需事项。

(2)小批量材料及工具采购是指的是在施工过程中所需消耗品,仪器配件,工具及劳保用品。

在此材料采购过程中必须遵循以下流程:

①施工小组组长根据施工情况,对施工过程中所需的设备及工具进行盘查,将所需材料、设备等编制《材料、工具需用清单》,上报该项目的施工或生产主管经理。

②主管经理根据所报《材料、工具需用清单》对各项材料、工具等进行审核,审核完毕后,签字确认,交给材料采购员。

采购员根据所报《材料、工具需用清单》，协调库管员对清单所列材料进行划分，对库存已有的材料，直接下发给施工小组，超出库存部分或库存没有的，及时予以采购并交付施工小组，保证施工正常进行。同时有以下规定：

a. 对于劳保及常用的消耗品，应有一定的采购循环周期，每次采购前，由采购员出具采购清单，报主管领导审核签字后方可组织采购；

b. 采购员不得采购未经主管领导签字确认的《材料采购清单》中所列材料，如表 5-1 所示；

c. 采购员有权对施工项目所提材料计划提出复核，并上报相应主管，超量时可酌情采购发放；

d. 小批量材料及设备采购，采购员应就近选择固定的几家供货商，便于经费结算和准时到货。

材料、工具需用清单 表 5-1

项目： 开工日期：

序号	物品	型号规格	单位	数量	备注

制表人签字： 部门主管签字：

(3)后补材料设备的采购是指在施工过程中，增加工程量或因预算失误造成材料、设备缺量时后补预算计划的采购。

这类材料的采购需遵循以下原则：

①下料员或施工负责人将工程材料的使用情况上报项目经理，并协同项目经理对材料使用情况进行盘查，确需采购的增加部分制定《材料预算补充书》报主管领导审批；

②主管领导根据施工情况复核后签字下发材料采购员，采购员根据《材料预算补充书》组织采购事宜。采购过程同大宗材料的采购。

2. 材料设备的使用管理制度

(1)材料验收步骤如下：

①所进材料要有相应的材质证明书原件，在材料上的明显部位有材料制造标准代号、标准牌号及规格、批号、国家安全监察机构认可标志，材料生产单位名称及检验印鉴标志；

②受压元件用材料如钢管和焊接材料应有齐全的原始质量证明书，且材料标记清晰、齐全；

③材料的表面质量必须符合此相关材料标准规定；

④材料验收后，材料员要及时对材料进行分类和标注，钢材和其他金属材料分类遵照种类、型号、材质、规格有序摆放，并悬挂标识或加注标记，同时登记造册，说明其预算使用去处。

（2）材料复检步骤如下：

①对入厂的钢材，焊材等委托相关部门进行复检。复检结果要达到相应标准所列要求，复检合格方可下发使用；

②对复检结果登记造册以便查验。

（3）材料保管步骤如下：

①材料库所保管的材料，应具有材质证明书或复检报告、登账建卡；

②经确认合格的材料，材料员要及时做好标记；

③合格、待验或不合格的材料，应分区堆放并应有明显的检验状态标识。

（4）材料领取和发放。各施工单位材料领取时，须在材料员处填写领料单，大宗材料发放按照到货后便交付施工项目部的原则，由施工方统一管理协调材料的使用，但施工方必须出具材料具体用途及用量，由材料员监督和登记，并对照技术人员所提材料计划，酌量发放，小批量材料、工具、设备及消耗品领取时需在库管员处登记材料领取情况。

材料发放原则及材料员的职责有以下几点：

①施工部门、班组或任何个人不得使用未经材料员出具领料单据的材料，否则视其消耗材料情况予以处罚；

②施工部门、班组和个人须按照工具和设备的使用规程操作，不当操作或故意损毁的，一经发现，按损毁材料的双倍价值予以处罚；

③材料员和库管员应适当限制工具和消耗材料的发放，不能无节制发放，以免造成工人的滥借滥用行为；

④库管员应对工具和设备发放情况登记造册，及时盘点库存，并将信息反馈给材料员，材料员适时了解工具设备使用情况，以便对必需消耗品及时补充库存；

⑤材料员需定时对施工区内材料剩余情况进行盘点，并对照预算情况及时与施工技术人员进行核对，从而及时了解施工进度及材料使用情况，协调技术员控制材料的使用量，尽量达到少浪费、低损耗，使材料与施工进度在预算中的比例相符；

⑥材料员需定时与施工人员对下料情况进行核实，做到对材料的用途都心中有数，并监督施工人员的材料使用情况，杜绝材料的乱拿乱用行为，如发生上述行为一经发现按损耗情况相应处罚；

⑦材料员在发放材料时，需协同技术负责人员对材料下料情况进行比照，根据所领材料尺寸，技术人员应尽量使用电子排版放料，以求材料的最大使用额度，控制边角料的尺寸及质量，减少废料的产生；

⑧每次需要下料施工前，施工员需提前对材料使用情况告知材料员，材料员依据进货批次，规格及库存情况整理出单据，对于已到材料或有库存的，通知施工员，施工员按施工进度及规定程序进行领料下料。对于尚未到货的，材料员需提前拟定到货期限及数量，施工员按照实际情况相应调整施工及下料步骤，防止出现无料可下的情况；

⑨技术人员必须将明确的《工程材料使用计划》交与材料员留档，如表5-2所示；材料员依其使用计划采购和发放材料，不得超量或缺量发放，防止给公司造成损失或影响施工进度；

工程材料使用计划 表5-2

序号	物品名称	型号规格	单位	数量	使用部门	计划使用时间	备注
1							
2							
3							
4							
5							
6							
会签栏							
施工方				甲方			
材料员		项目经理		材料员		部门经理	

⑩材料员需建立《材料进货清单》、《材料使用台账》、《材料发放记录》，如表5-3～表5-5所示；定时对现场材料使用情况做出记录，比照图纸及具体零部件规格及预计耗材量对施工下料情况做出记录，监督下料过程，杜绝超量使用现象，控制材料使用额度，对材料的使用进行统筹管理，保障计划内的材料物尽所用，工程顺利进行；

材料进货清单 表5-3

序号	采购日期	物品名称	型号规格	单位	数量	单价	总价	备注
1								
2								
3								
4								
5								
6								
7								
8								
9								
10								
合计								

材料使用台账 表5-4

序号	日期	物品名称	领用部门	领取人	单位	数量	经办人	备注
1								
2								
3								
4								
5								
6								
7								
8								
9								
10								

材料发放记录 表5-5

序号	物品名称	型号规格	单位	数量	用途	领用人	库管员	发放日期	备注
1									
2									
3									
4									
5									
6									
7									
8									
9									
10									

⑪工程完毕,材料员须依据《工程材料使用计划》与实际的《材料到货清单》(如表5-6所示)、《材料使用台账》和《材料发放记录》建立《工程材料交付对比》,对每一项工程的材料使用情况统筹归纳,并对两算对比情况做出具体归纳和分析,对超量的部分必须做出相应的解释和说明,以便查验。

材料到货清单 表5-6

工程名称:							
序号	设备(材料)名称	型号规格	品牌	供应商	单位	数量	备注
1							
2							
3							
4							
5							
6							
7							
供货单位盖章:				收货单位意见:			

(5)材料入库及库管员的职责如下:

①材料,设备,及工具入库时,库管员要对入库物品进行数量和质量盘查,确保物品够数且完好,对于不合格材料或归还的不完好设备、工具,应拒绝入库,列明清单上报经理后确定处理方案;

②材料设备入库后,须摆放整齐,并做好标识管理。保障库内整洁,有序,并利于材料搬运;

③设备、工具归还应及时,库管员对工人借用情况定期盘点,丢失的,上报财务,由财务从其工资中等价扣除;

④材料、设备外调使用完好,入库时应交库管员验收,否则按未归还处理;

⑤辞退或外调人员应在离开前将安全帽等劳保物品交还入库,库管员做出相应记录,未交还的上报财务,由财务从其工资中等价扣除;

⑥库管员应对库房所存材料、工机具登记建册,对借用及领取情况分别建立《工机具借

用台账》、《材料领用台账》、《消耗品入库及发放台账》、《劳保用品入库及发放台账》，对损坏及报废工机具建立《工机具报废清单》，定期上报经理签字后做出相应处理，如表5-7～表5-11所示；

工机具借用台账　　表5-7

序号	申请单号	领用人	借用日期	领用物品名称	规格型号	领用数量	备注
1							
2							
3							
4							
5							
6							
7							

材 料 领 用 台 账　　表5-8

序号	申请单号	领用人	领取日期	物品名称	规格型号	单位	数量	备注
1								
2								
3								
4								
5								
6								
7								

消耗品入库及发放台账　　表5-9

物品名称：　　管理员：

日期	入库记录						出库记录				库存量	备注
	规格型号	数量	单位	单价	入库单号	供应商	用途	数量	领用人	出库单号		

劳保用品入库及发放台账 表5-10

物品名称： 管理员：

日期	入库记录					出库记录			库存量	备注
	规格型号	单位	数量	单价	总价	事由	数量	领用人		

工机具报废清单 表5-11

序号	设备名称	规格型号	生产日期	报废日期	报废原因	经办人	备注
1							
2							
3							
4							
5							
6							
7							
8							
9							

制表： 审核：

⑦库管员需根据《工机具借用台账》定时对工机具的借用情况进行盘点，如表5-12所示；借用时间过长的，及时进行催讨，损毁或丢失的做出登记，辞退及外调人员的工具使用情况需结算清楚；

工机具借用台账 表5-12

序号	设备名称	型号规格	借用日期	借用人	借用用途	归还时间	备注
1							
2							
3							
4							
5							
6							
7							
8							
9							
10							

⑧库管员有权监督材料及工机具的使用情况，对于不合理的，应拒绝发放。

(6)材料代用。当所用原材料的牌号、规格与图纸和技术文件要求不符合时，应办理"材料代用申请单"，经原设计单位批准后方可代用。锅炉受压元件材料以小代大的代用还需经过当地质量技术监督局备案和审批。

(7)设备管理和维护及相应职责如下：

①熟悉各种机械设备的技术性能及使用、维护和保养方面的知识；

②掌握生产动态，做好设备调配工作，对机械设备经常进行检查，确保机械设备完好和使用安全；

③按相关要求进行报废机械设备的技术鉴定、审查；

④定期对设备进行保养和检查，并建立《设备保养记录》，如表5-13所示；

⑤编制相应的管理目录，包括财产编号、设备名称、型号规格、适用范围、精度、检验日期、使用单位等项目。

设备保养记录　　表5-13

序号	设备名称	维护日期	维护内容	上次维护日期	备注
1					
2					
3					
4					
5					
6					
7					
8					
9					
10					

任务实施

(1)模拟一个工程，完成一次设备与材料的采购流程。任务的实施步骤如下：

①同学以小组为单位，每组成员分派模拟角色；

②模拟材料员编写工程预算并递交主管；

③模拟主管审核工程预算并下发给采购员；

④模拟采购员根据审核后的工程预算进行采购。

(2)模拟一个工程，完成一次材料与设备发放及领取的流程。任务的实施步骤如下：

①进行人员分组，每组每人各扮演一个角色；

②申领人根据工程需求填写《材料、工具需用清单》；

③申领人填写完成《材料、工具需用清单》后交由部门主管审核部门主管审核后签字；

④申领人将主管签好字后的《材料、工具需用清单》交由材料员；

⑤材料员检查部门主管审核结果，发放材料。

任务工作单一

<table>
<tr><td rowspan="3">学习情境:综合布线工程管理
工作任务:模拟工程设备与材料采购流程</td><td>班级</td><td colspan="3"></td></tr>
<tr><td>姓名</td><td></td><td>学号</td><td></td></tr>
<tr><td>日期</td><td></td><td>评分</td><td></td></tr>
</table>

一、任务内容

模拟一个工程,完成一次设备与材料的采购流程。

二、基本知识

1. 大宗材料的采购,就是针对________所需要的建设工程材料的采购,这类材料需整批购入,以便施工项目的展开。

2. 后补材料设备的采购,是指________,增加工程量或因预算失误造成材料、设备缺量时后补预算计划的采购。

3. 库管员应对工具和设备发放________,及时盘点库存,并将信息反馈给________,________适时了解工具设备使用情况,以便对必需消耗品及时补充库存。

三、任务实施

1. 进行人员分组,每组每人各扮演一个角色;

2. 模拟材料员编写工程预算并递交主管;

3. 模拟主管审核工程预算并下发给采购员;

4. 模拟采购员根据审核后的工程预算进行采购。

四、任务小结

通过此工作任务的实施,各小组集中完成下述工作。

1. 你认为本次实训是否达到预期目的,有哪些意见和建议?

2. 在综合布线中,材料与设备的采购流程有哪些?

任务工作单二

<table>
<tr><td rowspan="3">学习情境:综合布线工程管理
工作任务:模拟工程材料与设备发放、领用流程</td><td>班级</td><td colspan="3"></td></tr>
<tr><td>姓名</td><td></td><td>学号</td><td></td></tr>
<tr><td>日期</td><td></td><td>评分</td><td></td></tr>
</table>

一、任务内容

模拟一个工程,完成一次材料与设备发放、领用的流程。

二、基本知识

1. 材料员需建立________、________、________,定时对现场材料使用情况做出记录。

2. 工程完毕,材料员须依据________与实际的________、________和________建立__________,对每一项工程的材料使用情况统筹归纳,并对两算对比情况做出具体归纳和分析,对超量的部分必须做出相应的解释和说明,以便查验。

三、任务实施

1. 进行人员分组,每组每人各扮演一个角色;

2. 申领人根据工程需求填写《材料、工具需用清单》;

3. 申领人填写完成《材料、工具需用清单》后交由部门主管审核部门主管审核后签字;

4. 申领人将主管签好字后的《材料、工具需用清单》交由材料员;

5. 材料员检查部门主管审核结果,发放材料。

四、任务小结

通过此工作任务的实施,各小组集中完成下述工作。

1. 你认为本次实训是否达到预期目的,有哪些意见和建议?

2. 在综合布线中,材料与设备检验和保管的流程有哪些?

3. 在综合布线中,材料与设备发放与领取有哪些流程?

工作任务五　综合布线工程验收

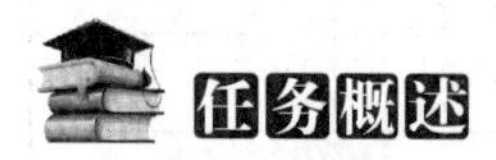

任务概述

任务描述

分组完成机电信息楼综合布线系统工程验收,同时完成相应的验收文件。

任务要求

1. 应知应会

(1)通过本工作任务的学习与具体实施,学生应学会下列知识:

①综合布线工程验收的依据和原则;

②综合布线工程验收的内容;

③综合布线工程验收;

④综合布线工程的鉴定。

(2)学生应该掌握下列技能:

①了解综合布线工程验收的依据和原则;

②了解综合布线工程验收的内容;

③了解综合布线工程验收;

④了解综合布线工程的鉴定。

2. 学习要求

(1)学生在上课前,应到本课程的网站中预习本工作任务的相关教学内容。

(2)本课程采用理实一体化的模式组织教学,学生在学习过程中,要注重理论与实践的结合,提高自己的动手能力。

(3)每个工作任务学习结束过程后,学生应独立完成任务工作单的填写。

相关知识

1. 验收的依据及注意事项

综合布线验收阶段,是我们尤其应该注意的过程,这里主要介绍在验收时需要注意的问题及详解,包括介绍六类布线系统测试等方面的内容。

(1)网络布线系统验收中应注意的问题。

在综合布线系统测试验收中,有些网络布线系统施工单位仅使用网络通断测试器这样的简单测试工具,测试时网络连通灯一亮,就认为网络没有问题,线缆安装合格,这是不可取的。这种测试只能说明网线端接正确且没有断路。计算机网络工作时要使用高速度承载很大的信息流量,对通信线缆的要求非常高,衰减、损耗、速率和抗干扰都有相应的规定。通常结构化综合布线系统工程应遵循的标准如下。

①国际商务建筑布线标准(TIA/EIA 568A 与 TIA/EIA 568B)。

②国际商务建筑通信基础管理标准(TIA/EIA 606)。

③国际商务建筑通信设施规划和管路铺设标准(TIA/EIA 569)。

④建筑与建筑物综合布线系统工程设计规范(GB 50311—2007)。

⑤建筑及建筑群结构化布线系统工程验收规范(GB 50312—2007)。

⑥ISO/IEC 11801 系列标准。

综合布线系统是否达到标准,必须使用专门的网络测试仪器进行全面测试。常用的测试仪器为专用数字化电缆测试仪,可测试的内容包括线缆的长度、接线图、信号衰减和近端串扰等。布线测试验收中,5 类布线和超 5 类布线按照标准使用仪器测试即可。6 类布线在用专门网络测试仪器进行测试时,必须使用和被测链路相同的链路接口适配器(Link Interface Adapter),将仪器接入安装的布线链路进行测试。

在验收时对于跳线的要求也应该非常严格,只有线序的测试是远远不够的。除了持续不断地测试外,还应该对跳线的每一对线的近端串扰和回波损耗进行测试,这些测试应该按照 TIA 的跳线测试标准进行,而不是简单的通断测试。

布线测试的结果必须认真保存好。布线施工单位对测试结果必须加编号储存。为保障用户的权益,测试仪提供的测试结果应是经过加密无法让施工人员进行修改的计算机文件。

(2)采用 6 类综合布线系统时应注意的问题。

美国通信工业协会 TIA 在 2002 年 6 月正式通过了 6 类布线标准,这个分类标准将成为 TIA/EIA－568B 标准的附录,将被正式命名为 TIA/EIA－568B. 2－1。该标准也将被国际标准化 ISO 批准,标准号为 ISO 11801－2002。标准规定 6 类综合布线系统的组成成分必须向下兼容 3 类、5 类、超 5 类综合布线系统产品,同时必须满足混合使用的要求。6 类布线标准对 100 Ω 平衡双绞线、连接硬件、跳线、信道和永久链路作了具体要求。

①6 类性能的测试频率为 1MHz～250 MHz。

②6 类布线系统在 200 MHz 时综合衰减串扰比(PSACR)应该有较大的余量,它提供 2 倍于超 5 类的带宽。为了确保整个系统有良好的电磁兼容性,这个标准还同时对线缆和连接件的匹配提出了建议。

③6 类与 5 类的一个重要的不同点在于改善了在串扰和回波损耗方面的性能。对于新一代的全双工的高速网络应用而言,优良的回波损耗性能是极重要的。

④在以前的布线测试中有基本链路(TIA)、永久链路(ISO)和信道模型(TIA/ISO)。在 6 类标准中取消了基本链路模型,使得两个标准在测试模型上达成了一致。

(3)选择 6 类综合布线系统应注意以下问题。

①真正的 6 类系统应该从接插件、线缆到链路和信道全部满足 6 类的性能要求,其中包括模块、配线架、跳线和线缆等组成部分。

②提交系统测试报告中所采用的必须是 TIA/ISO 标准中定义的最坏情况模型,即 3 连接点 90m 链路或 4 连接点 100m 信道。

③厂商应提供在 6 类产品及系统在 250MHz 带宽内全面的测试数据,并经得起与 6 类 ISO/TIA 标准要求的参数和指标进行一一对比。某些特征频点的测试结果不能代表完整测试带宽的性能。厂商还应提供一些国内外第三方和官方机构的测试结果。

④厂商能提供成熟的全线 6 类产品供用户选择,能够适用用户任何安装方法和配置要求,并已有 6 类系统的工程应用案例。

⑤用户可要求使用现场测试仪按照最新国际标准对厂商提交的链路或信道进行现场测试,看是否满足 6 类产品指标。

⑥工程实施技术人员经过专门针对 6 类综合布线系统的安装培训(用户应要求工程实施单位出示该类培训证书)。

由于越高级的铜缆对外界的干扰越敏感,随着网络通信速率的上升,安装施工对系统性能的影响越来越大。6类线缆施工难度要远大于5类综合布线系统，任何不合理的设计和施工都会对线缆性能产生不可补救的影响。6类综合布线系统的安装和实施中要特别注意以下问题。

a. 由于6类线缆外径粗于5类线缆，应注意管道的填充程度，避免在管道弯头处出现线缆缠绕问题。通常内径20mm的线管适宜安装两根6类线缆。

b. 6类线缆布线的走线桥架设计要合理，为线缆转弯提供合适的弯曲半径。走线时线缆转弯要平缓。要考虑在两端线缆下垂受力情况下，确保在不压损线缆的前提下盖上盖板。

c. 6类线缆安装过程中要特别注意拉力的控制，对于带卷轴包装的线缆，建议两头至少各安排一名工人，把卷轴套在自制的拉线杆上，放线端的工人先从卷端轴箱内预拉出一部分线缆，供合作者在管线另一端抽取，预拉出的线不能过多，避免多根线在场地上缠结环绕。

d. 拉线工序结束后，两端留出的冗余线缆要整理和保护好，盘线时要顺着原来的旋转方向，线圈直径不要太小，固定在桥架或吊顶上，做好标注。布线时不要留太长冗余线缆。

e. 施工时注意避免线缆被踩踏和受压挤。

f. 跳线与接插件对6类综合布线系统有一些特别的要求。6类线缆的性能要优于5类线缆或超5类线缆，特别是在近端串扰和回波损耗方面，插头和插座必须完美匹配。因此，现在为使各种各样的插头和插座互相兼容和匹配进行了许多研究，制定了许多规范使它们的差异尽可能小。但是现在，不论怎样提高制造工艺和技术，6类线系统还只允许使用厂商专用和经过认证或许可的跳线，否则不能保证与综合布线系统的匹配并达到整个通道的最佳性能。

2. 验收的项目和内容

(1)设备安装有以下两点：

①设备机架的安装。

a. 设备机架的安装应符合施工标准规定，以确保工程质量；

b. 检查设备机架的外观，规格，程式是否符合要求；

c. 检查设备机架的安装，垂直和水平是否符合标准规定；

d. 检查设备标牌，标志是否齐全；

e. 各种附件安装齐全，所有螺丝紧固牢靠，无松动现象；

f. 有切实有效的防震加固措施，保证设备安全可靠；

g. 检查测试接地措施是否可靠。

②信息插座的安装。

a. 通信引出端的位置，数量以及安装质量均满足用户使用要求；

b. 检查其质量，规格是否符合要求，安装位置是否符合要求；

c. 各种螺丝是否拧紧；

d. 各种标志，标牌是否齐全；

e. 屏蔽措施的安装是否符合要求。

(2)光缆和电缆的布放检查步骤。

①电缆桥架及槽道安装：

a. 槽道(桥架)等安装位置正确无误，附件齐全配套；

b. 安装牢固可靠，质量有保证，符合工艺要求；

c. 接地措施齐备良好。

②电缆布放。各种缆线的规格，长度均符合设计要求。

③缆线的路由位置正确，敷设安装操作均符合工艺要求。

(3)楼外电缆和光缆的布放步骤。

①架空布线：

a. 电缆，光缆和吊线的规格及质量均符合使用要求；

b. 吊线的装设位置，垂度，高度以及工艺要求均符合标准规定；

c. 电缆或光缆挂设工艺和吊挂卡钩间隔均符合标准规定，架设竖杆位置应正确；

d. 各种缆线的引入安装方式符合设计要求和标准规定；

e. 其他固定缆线的装置(包括墙壁式敷设)均满足工艺要求。

②管道布线：

a. 占用管道的管孔位置合理，缆线走向和布置有序，不影响其他管孔的使用；

b. 管道缆线规格和质量符合设计规定；

c. 管道缆线的防护措施切实有效，施工质量有一定保证；

d. 管道缆线的防护设施配备妥当。

③直埋布线：

a. 直埋缆线的规格和质量均符合设计规定；

b. 敷设位置，深度和路由均符合设计规定；

c. 缆线的保护措施切实有效；

d. 回填土夯实，无塌陷不致发生后患，保证工程质量。

④隧道线缆布线

a. 隧道管沟的规格和质量符合工艺要求；

b. 所用的缆线规格和质量均符合设计规定；

c. 位置，路由的设计符合规范，安装质量符合工艺要求；

d. 此外，还必须检验缆线与其他设施的间距或保护措施以及引入房屋部分的缆线安装敷设是否符合标准规定。

(4)缆线终端。缆线终端包括通信引出端，配线模块，光纤插接件和各类跳线等.这一环节一般是随工序而进行的检验缆线终端是否符合施工规范和有关工艺要求的随工检验，包括：

①信息插座是否符合设计和工艺要求；

②配线模块是否符合工艺要求；

③光纤插座是否符合工艺要求；

④各类跳线的布放是否美观和符合工艺要求。

(5)系统测试步骤。

①电气性能测试：

a. 连接图是否正确无误，符合标准规定；

b. 布线长度是否满足布线链路性能要求；

c. 衰减，近端串音衰减等传输性能测试结果是否符合标准规定；

d. 设计中特殊规定和要求需作检测的项目。

②光纤特性测试：

a. 检验光缆布线链路性能是否符合标准规定；

b. 多模或单模光纤的类型规格是否满足设计要求；

c. 衰减，回波损耗等测试结果是否符合标准规定。

③系统接地检验。检验系统接地是否符合设计要求。

(6)工程总验收。

①竣工技术文件:

a. 竣工后编制竣工技术文件,满足工程验收要求;

b. 清点,核对和交接设计文件和有关竣工技术资料;

c. 查阅分析设计文件和竣工验收技术文件。

②工程验收评价:

a. 具体考核和对工程进行评价,确认验收结果;

b. 考核工程质量(包括设计和施工质量);

c. 确认评价验收结果,正确评估工程质量等级。

③验收机构签字。

3. 综合布线工程的验收

(1)验收组织准备。工程竣工后,施工单位应在工程计划验收 10 日前,通知验收机构,同时送达一套完整的竣工报告,并将竣工技术资料一式三份交给建设单位。竣工资料包括工程说明、安装工程量、设备器材明细表、随工测试记录、竣工图纸、隐蔽工程记录等。

联合验收之前成立综合布线工程验收的组织机构,如专业验收小组,全面负责对综合布线工程的验收工作。专业验收小组由施工单位和用户或其他外聘单位联合组成,人数为 5 ~ 9 人,一般由专业技术人员组成,持证上岗,由有上岗证书者参与综合布线验收工作。

验收工作分两个重点部分进行:第一部分是物理验收,第二部分是文档验收。

(2)现场(物理)验收:

①工作区子系统验收。对于众多的工作区不可能逐一验收,而是由甲方抽样挑选工作间。验收的重点如下:

a. 线槽走向,布线是否美观大方,符合规范;

b. 信息插座是否按规范进行安装;

c. 信息插座安装是否做到一样高,一样平并牢固;

d. 信息面板是否都固定牢靠。

②水平干线子系统验收:

a. 水平干线验收主要验收点有:

b. 槽安装是否符合规范;

c. 槽与槽,槽与槽盖是否接合良好;

d. 托架,吊杆是否安装牢靠;

e. 水平干线与垂直干线,工作区交接处是否出现裸线;

f. 水平干线槽内的线缆有没有固定。

③垂直干线子系统验收。垂直干线子系统的验收除了类似于水平干线子系统的验收内容外,要检查楼层与楼层之间的洞口是否封闭,以防火灾出现时成为一个隐患点. 还要检查线缆是否按间隔要求固定,拐弯线缆是否留有弧度。

④管理间,设备间子系统验收。主要检查设备安装是否规范整洁。验收不一定要等工程结束时才进行,往往有的内容是随时验收的。

⑤系统测试验收。系统测试验收是对信息点进行有选择的测试,检验测试结果. 系统测试验收的主要内容如下:

a. 电缆的性能测试:

ⓐ五类线要求:接线图,长度,衰减,近端串扰要符合规范;

ⓑ超五类线要求:接线图,长度,衰减,近端串扰,延迟,延迟差要符合规范;

ⓒ六类线要求:接线图,长度,衰减,近端串扰,延迟,延迟差,综合近端串扰,回波损耗,等效远端串扰,综合远端串扰要符合规范。

b. 光纤的性能测试:

ⓐ类型.单模/多模,根数等是否正确;

ⓑ衰减;

ⓒ反射。

⑥系统接地电阻要求小于4Ω。系统测试中的具体内容和验收细节也可随工序进行检验。随工序检验和隐蔽工程签证的详细记录可作为工程验收时的原始资料,提供给确认和评价工程的质量等级时参考。在智能化建筑内的各种缆线敷设用的预埋槽道和暗管系统的验收方式应为隐蔽工程签证。在工程验收时,如对隐蔽工程有疑问,需要进行重复检查或测试的,应按规定进行。在验收中,如发现有些检验项目不合格时,应由主持工程验收的部门,单位查明原因,分清责任,提出解决办法,迅速补正,以确保工程质量。

(3)工程竣工技术文件。

为了便于工程验收和今后管理,施工单位应编制工程竣工技术文件,按协议或合同规定的要求交付所需要的文档。工程竣工技术文件包括以下几个方面:

①竣工图纸:总体设计图,施工设计图,包括配线架,色场区的配置图,色场图,配线架;

②布放位置的详场图,配线表,点位布置竣工图;

③工程核算:综合布线系统工程的主要安装工程量,如主干布线的缆线规格和长度,装设楼层配线架的规格和数量等;

④器件明细:设备,机架和主要部件的数量明细表,即将整个工程中所用的设备,机架和主要部件分别统计,清晰地列出其型号,规格,程式和数量;

⑤测试记录:工程中各项技术指标和技术要求的随工验收,测试记录,如缆线的主要电气性能,光缆的光学传输特性等测试数据;

⑥隐蔽工程:直埋电缆或地下电缆管道等隐蔽工程经工程监理人员认可的签证;设备安装和缆线敷设工序告一段落时,经常驻工地代表或工程监理人员随工检查后的证明等原始记录;

⑦设计更改:在施工中有少量修改时,可利用原工程设计图更改补充,不需再重作竣工图纸,但在施工中改动较大时,则应另作竣工图纸;

⑧施工说明:在安装施工中一些重要部位或关键段落的施工说明,如建筑群配线架和建筑物配线架合用时,它们连接端子的分区和容量等;

⑨软件文档:综合布线系统工程中如采用计算机辅助设计时,应提供程序设计说明和有关数据,如磁盘,操作说明,用户手册等文件资料;

⑩会议记录:在施工过程中由于各种客观因素部分变更或修改原有设计或采取相关技术措施时应提供建设,设计和施工等单位之间对于这些变动情况的洽商记录以及施工中的检查记录等基础资料。工程竣工技术文件在工程施工过程中或竣工后应及早编制,并在工程验收前提交建设单位,竣工技术文件通常为一式三份,如有多个单位需要时,可适当增加份数。竣工技术文件和相关资料应做到内容齐全,资料真实可靠,数据准确无误,文字表达条理清楚,文件外观整洁,图表内容清晰,不应有互相矛盾,彼此脱节,错误和遗漏等现象。

(4)综合布线工程的鉴定。验收通过后就是鉴定程序。尽管有时常把验收与鉴定结合在一起进行，但验收与鉴定还是有区别的，主要表现有以下几点：

①验收是用户对网络工程施工工作的认可，检查工程施工是否符合设计要求和有关施工规范。用户要确认工程是否达到了原来的设计目标，质量是否符合要求，有没有不符合原设计的有关施工规范的地方。

②鉴定是对工程施工的水平程度做评价。鉴定评价来自专家，教授组成的鉴定小组，用户只能向鉴定小组客观地反映使用情况，鉴定小组组织人员对新系统进行全面的考察，鉴定小组写出鉴定书提交上级主管部门。

③验收机构必须对综合布线工程的质量，电信公用网的安全运行负责。验收机构必须对用户的业务使用和投资效益负责．验收机构要对厂家，代理和施工单位负责。

④鉴定是由专家组和甲，乙方共同进行的．组织专家，用户和施工单位三方对工程进行验收时，施工单位应报告系统方案设计，施工情况和运行情况等，专家应实地参观测试，开会总结，确认验收与否。

一般施工单位要为用户和有关专家提供详细的技术文档，例如系统设计方案，布线系统图，布线系统配置清单，布线材料清单，安装图，操作维护手册等。这些资料均应标注工程名称，工程编号，现场代表，施工技术负责人，编制文档和审核人，编制日期等。施工单位还需为鉴定会准备相关的技术材料和技术报告，主要包括以下几点：

a. 综合布线工程建设报告；

b. 综合布线工程测试报告；

c. 综合布线工程资料审查报告；

d. 综合布线工程用户意见报告；

e. 综合布线工程验收报告；

f. 综合布线工程竣工验收指南（样例）；

g. 综合布线工程竣工阶段的工作。

任务实施

模拟一个工程的完工进行验收。任务的实施步骤如下：

（1）模拟一个完成综合布线系统施工的智能建筑。

（2）对该智能建筑的工作间子系统进行验收：

①检查信息插座数量；

②检查信息插座安装是否到位，有无松动等迹象；

③检查信息插座安放位子是否齐平，位置是否按照要求安装；

④检查信息插座端接是否成功；

⑤如果工作区子系统采用的是明线布线的方法，还需查看线槽（或线管）在布线时，是否按照要求走线。

（3）对该智能建筑的管理间子系统与设备间子系统进行验收：

①检查设备的安装是否规范与整洁；

②检查线路与设备编号是否按照要求编写；

③检查使用的设备与线缆是否是与合同一致。

（4）对该智能建筑的水平子系统进行验收：

①检查线槽（线管）安装是否符合规范；

②检查线槽(线管)槽与槽,槽与槽盖是否接合良好;

③检查桥架、托架、吊顶是否安装牢固;

④检查水平干线与垂直干线、工作区交界处是否出现裸线;

⑤检查水平干线线槽内的线缆是否固定。

(5)查看以上子系统是否按照国家标准进行施工:

(6)对应合同查看该工程所使用的材料与设备是否与合同一致。

①对综合布线工程施工中所用的辅材进行检查,查看品牌与型号是否与合同一致;

②对综合布线工程施工中所用到的设备进行检查,查看品牌与型号是否与合同一致;

③对综合布线工程施工中所用到的线缆进行检查,查看品牌与型号是否与合同一致。

任务工作单

学习情境:综合布线工程管理 工作任务:模拟工程验收	班级			
	姓名		学号	
	日期		评分	

一、任务内容

模拟一个工程的完工进行验收。

二、基本知识

1. 工程竣工后,施工单位应在工程计划验收______日前,通知验收机构,同时送达一套完整的________,并将________一式三份交给建设单位。

2. 竣工资料包括________、________、________、________、________、________等。

3. 验收工作分两个重点部分进行:第一部分是________,第二部分是________。

三、任务实施

1. 模拟一个完成综合布线系统施工的智能建筑;

2. 对该智能建筑的工作间子系统进行验收;

3. 对该智能建筑的管理间子系统进行验收;

4. 对该智能建筑的水平子系统进行验收;

5. 查看子系统是否按照国家标准进行施工(隐蔽工程采取随工检测方式);

6. 对应合同查看该工程所使用的材料与设备是否与合同一致。

四、任务小结

通过此工作任务的实施,各小组集中完成下述工作。

1. 你认为本次实训是否达到预期目的,有哪些意见和建议?

2. 在综合布线中,工程验收有哪些步骤?

3. 在综合布线中,工程验收需要哪些文件?

参考文献

[1] 杜思深. 综合布线[M]. 2 版. 北京:清华大学出版社,2010.

[2] 王公儒. 网络综合布线系统工程技术实训教程[M]. 2 版. 北京:机械工业出版社, 2012.

[3] 中华人民共和国信息产业部. 综合布线系统工程设计规范[S]. 北京:中国计划出版社,2007.

[4] 中华人民共和国信息产业部. 综合布线系统工程验收规范[S]. 北京:中国计划出版社,2007.

[5] 江西省建设工程造价管理站. 江西省建筑安装工程费用定额[M]. 长沙:湖南科学技术出版社,2004.